FORSCHUNGSBERICHTE DES LANDES NORDRHEIN-WESTFALEN
Nr. 2488

Herausgegeben im Auftrage des Ministerpräsidenten Heinz Kühn
vom Minister für Wissenschaft und Forschung Johannes Rau

Prof. Dr.-Ing. Friedrich Eichhorn
Dipl.-Ing. Winfried Huwer

Institut für Schweißtechnische Fertigungsverfahren
der Rhein.-Westf. Techn. Hochschule Aachen

Technologische Untersuchungen zum Panzern
mit Hilfe der Unterpulver-Auftragschweißung
mit Bandelektrode

Westdeutscher Verlag 1975

© 1975 by Westdeutscher Verlag GmbH, Opladen
Gesamtherstellung: Westdeutscher Verlag

ISBN-13: 978-3-531-02488-2   e-ISBN-13: 978-3-322-88293-6
DOI: 10.1007/978-3-322-88293-6

Inhalt

		Seite
1.	Einleitung	3
2.	Problemstellung	3
3.	Versuchseinrichtung	6
4.	Versuchswerkstoffe	7
5.	Versuchsergebnisse	8
	5.1 Werkstoffkombination I: unlegierte Bandelektrode - zulegierendes Schweißpulver	8
	5.2 Werkstoffkombination II: legierte Bandelektrode - neutrales bzw. zulegierendes Schweißpulver	11
	5.3 Werkstoffkombination III: unlegierte bzw. legierte Bandelektrode - neutrales bzw. zulegierendes Schweißpulver- getrennte Zugabe pulverförmiger Hartlegierungen	14
6.	Schlußbemerkung	18
7.	Literatur	21
8.	Begriffe und Abkürzungen	24
9.	Bildanhang	25
10.	Tabellen	46

1. Einleitung

Durch Reibung und Verschleiß entstehen in der Bundesrepublik Deutschland jährlich Verluste, die allein im Bereich des Maschinenbaus auf über 1 Milliarde DM geschätzt werden /̄1_7. Um die ständig wachsenden Schadensquoten in Grenzen zu halten wird in letzter Zeit angestrebt, sowohl die Grundlagenforschung, als auch die praxisnahe Forschung zu intensivieren und zu koordinieren.

Zur Erfassung der komplexen Verschleißvorgänge bedient sich die Grundlagenforschung idealisierter Modelle unter Arbeitsbedingungen, die die Beobachtung einzelner Mechanismen gestatten. Die praxisnahe Forschung erarbeitet und optimiert die Technologie zur Herstellung hochbeanspruchter Bauteile und untersucht das Verschleißverhalten von Maschinen und Maschinenelementen unter den jeweils gegebenen Betriebsbedingungen /̄2 - 7_7.

Die Ergebnisse der Grundlagenforschung lassen sich nicht unmittelbar auf einen konkreten Anwendungsfall übertragen, sondern sind vielmehr als Beiträge zur allmählichen grundlegenden Erkenntnis der Verschleißvorgänge zu bewerten. In der praxisnahen Forschung werden Erfahrungen gewonnen, mit deren Hilfe sich Einzelprobleme lösen lassen.
Beide Verfahrenswege führen zu einem gemeinsamen Ziel, der Entwicklung verschleißarmer Systeme.

2. Problemstellung

Ein Verschleißvorgang kann nur dann eingeleitet werden, wenn gleichzeitig folgende Bestimmungsgrößen gegeben sind: Grundkörper, Gegenstoff, Zwischenstoff, Bewegung und Belastung. Jede dieser Größen läßt sich mehrfach variieren, so daß sich eine Vielzahl von Verschleißarten einstellen kann. Zur Kennzeichnung einer Verschleißart genügen die Angaben des Grundkörpers, des Gegenstoffs und der Verschleißbedingungen. Die fünf "Verschleißelemente" bestimmen den Ablauf und das Ergebnis eines Verschleißvorganges und werden in ihrem Zusammenwirken als "Tribologisches System" bezeichnet /̄8_7.

Die vielfältigen Vorgänge, die in einem tribologischen System in den Randzonen zweier Körper ablaufen, lassen sich aufgrund neuerer Ergebnisse der Grundlagenforschung /̄9-11_7 auf vier charakteristische, in ihrer Wirkungsweise voneinander unabhängige Verschleißmechanismen zurückführen: Adhäsion (Haft- oder Freßverschleiß), Tribooxydation (Schichtverschleiß), Abrasion (Furchung) und Oberflächenzerrüttung (Oberflächenermüdung). Diese Mechanismen können sich sowohl in Abhängigkeit von den äußeren Bedingungen ändern, als auch sich gegenseitig überlagern.

Eine Einschränkung des Verschleißes kann nach sorgfältiger Analyse des Verschleißvorganges, insbesondere der hauptsächlich wirksamen Verschleißmechanismen nur durch Einflußnahme auf die Verschleißelemente, d.h. durch konstruktive und metallurgische Maßnahmen erfolgen. Die Geometrie der

Verschleißpartner, das Zwischenmedium und die Betriebsbedingungen wie Relativgeschwindigkeit und Flächenpressung sind jedoch in den meisten Anwendungsfällen vorgegeben, so daß eine Verschleißminderung oft nur durch die Wahl eines geeigneten Werkstoffes bzw. einer günstigen Werkstoffpaarung möglich ist.

Die Entscheidung für einen Werkstoff bereitet dem Konstrukteur in Zusammenarbeit mit dem Fertigungsingenieur vielfach Schwierigkeiten. Zunächst müssen aus der großen Palette der verschleißfesten Werkstoffe diejenigen ausgewählt werden, deren Eigenschaften den zu erwartenden Verschleißmechanismen angepaßt sind, wobei die Entscheidung anhand der Ergebnisse von Modellverschleißuntersuchungen erleichtert werden kann. Die verbliebene Anzahl der Werkstoffe wird durch die festzulegende Fertigungsmethode weiter reduziert. Abhängig von seiner Größe und Form muß entschieden werden, ob das gesamte Bauteil aus verschleißfestem Werkstoff hergestellt wird, oder ob die Eigenschaften der beanspruchten Verschleißflächen z.B. durch thermochemische Behandlung oder durch Beschichtungsverfahren erreicht werden sollen. Im ersten Fall wird die Werkstoffauswahl durch Kriterien wie Umformbarkeit und Zerspanbarkeit bestimmt, im zweiten Fall sind -insbesondere beim Beschichten mit Hilfe von Schmelzschweißverfahren- Eigenschaftsabweichungen von den Ausgangsmaterialien infolge metallurgischer Veränderungen in der aufgeschweißten Schicht zu berücksichtigen. Letztlich wird die Auswahl der Werkstoffe durch eine Wirtschaftlichkeitsrechnung beeinflußt, wobei die Material- und Fertigungskosten gegenüber der zu erwartenden Lebensdauer des Bauteils abgegrenzt werden $\lfloor$ 12 $\rfloor$.
Sollen die geforderten Verschleißeigenschaften eines Werkstückes durch Beschichten erzielt werden, so werden überwiegend Schmelzschweißverfahren eingesetzt. Zu den heute gebräuchlichen Verfahren zählen: Gasschweißen mit stab- oder pulverförmigen Zusatzwerkstoffen, Plasmaauftragschweißen, WIG und MIG-Schweißen, Lichtbogenschweißen mit Stabelektrode, Fülldrahtschweißen sowie Unterpulverauftragschweißen in den Varianten Eindraht-, Mehrdraht- und Bandauftragschweißen. Jedes dieser Verfahren weist besondere Vorteile auf. So läßt sich z.B. die geringste Aufmischung mit dem Gasschweißen erreichen, die höchste Abschmelzleistung, wird beim Unterpulver-Mehrdrahtschweißen erzielt $\lfloor$ 13 - 17 $\rfloor$.

Die Entscheidung für ein Schweißverfahren bei einem gegebenen Beschichtungsproblem wird heute vielfach noch nach den verfügbaren Betriebsmitteln getroffen. Ein optimales Ergebnis kann aber nur dann erwartet werden, wenn die Festlegung des Schweißverfahrens unter Berücksichtigung des Typs und der Form des gewählten Zusatzwerkstoffes, der Abmessungen und der Geometrie des Werkstückes, der Stückzahl, der Zugänglichkeit zur Schweißstelle, der zulässigen Aufmischung und der geforderten Oberflächengüte der verschleißfesten Beschichtung (Panzerung) erfolgt.

Beim großflächigen Panzern z.B. von Großmahlanlagen für die Zementindustrie, den Bergbau oder die Erzaufbereitung, von verschleißbehafteten Bauteilen für die Stahlerzeugung, die Stanz- und Umformtechnik, gewinnt ein weiterer Gesichtspunkt bei der Wahl der Fertigungsmethode an Bedeutung, die Leistungsfähigkeit des Verfahrens.

Die Leistungsfähigkeit eines Auftragschweißverfahrens ist
sowohl durch die Qualität des Schweißergebnisses, als auch
durch die Wirtschaftlichkeit des Verfahrens gekennzeichnet.
Die Qualität einer Panzerung hängt von ihren chemischen,
metallurgischen und mechanischen Eigenschaften ab und wird
für eine gegebene Werkstoffkombination auch durch die
Geometrie der erzielten Schweißraupen bestimmt. Da sich
die Legierungszusammensetzung des Schweißgutes aus der Aufmischung der Zusatzwerkstoffe durch den meist artfremden
Grundwerkstoff ergibt, soll das Einbrandprofil der Schweißraupen möglichst flach sein. Eine sichere Bindung der
Panzerung auf dem Werkstück wird dabei durch einen gleich-
mäßigen Einbrand gewährleistet.

Die Wirtschaftlichkeit eines Auftragschweißverfahrens wird
überwiegend nach den erzielbaren Abschmelz- und Beschichtungsleistungen beurteilt. Außerdem muß in eine Wirtschaft-
lichkeitsbetrachtung der Kostenaufwand für eine eventuell
erforderliche mechanische Nachbearbeitung der gepanzerten
Werkstückoberflächen einbezogen werden. Schließlich sind im
Falle einer zu starken, verfahrensbedingten Aufmischung die
Mehrkosten der hierbei notwendigen überlegierten Zusatzwerkstoffe zu beachten.

Die hohen Anforderungen an die Qualität der Beschichtung und
die Wirtschaftlichkeit des Schweißverfahrens werden beim
Unterpulver-Auftragschweißen mit Bandelektroden erfüllt.
Das Verfahren nimmt daher beim korrosionsbeständigen Aus-
kleiden (Schweißplattieren) von Großbehältern für chemische
Anlagen oder Primärkomponenten von Reaktordruckgefäßen eine
führende Stelle ein. In der schweißtechnischen Fertigung
werden zur Zeit noch überwiegend Bandelektroden der
Standardabmessungen 60 mm X 0,5 mm eingesetzt. Neuere Untersuchungen zeigen, daß eine wesentliche Steigerung der
Wirtschaftlichkeit dieses Verfahrens, bei unverändert guter
Qualität der Schweißergebnisse, durch Verwendung von Breitbandelektroden -in Laborversuchen wurden bereits Elektroden bis
210 mm Breite geschweißt- erzielt werden kann /¯18, 19_7.

Über Untersuchungen zum großflächigen Panzern mit Hilfe des
Unterpulver-Auftragschweißverfahrens mit Bandelektrode wurde
bisher nur wenig berichtet /¯20 - 22_7. In der UdSSR und der
DDR wurden komplizierte und teuere Füllbandelektroden entwickelt, bei denen Legierungskomponenten in Pulverform
entweder in den Taschen eines gestanzten Blechstreifens ein-
gebettet sind und durch einen zweiten U-förmigen Blech-
streifen abgedeckt werden oder zwischen einem Stahlband und
einer aufgeklebten Plastikfolie eingelagert werden. In letzter
Zeit wurden auch Versuche mit gesinterten Bandelektroden bekannt.

Ziel des vorliegenden Forschungsprogrammes ist es, die spezifischen Vorteile des Unterpulver-Auftragschweißverfahrens
mit (massiver) Bandelektrode auch beim verschleißfesten Beschichten zu nutzen. Hierzu werden drei Möglichkeiten untersucht, die Legierungszusammensetzung einer Panzerung durch
folgende Kombinationen der Zusatzwerkstoffe und Hilfsstoffe
zu erzielen:
I : unlegierte Bandelektrode - zulegierendes Schweiß-
                                                             pulver

II : legierte Bandelektrode - neutrales bzw. zulegierendes Schweißpulver
III : unlegierte bzw. legierte Bandelektrode - neutrales bzw. zulegierendes Schweißpulver - getrennte Zugabe pulverförmiger Hartlegierungen.

Mit "neutral" wird herkömmlicherweise die chemische Charakteristik eines Schweißpulvers gekennzeichnet; dieser Begriff soll im Folgenden auch für ein Pulver ohne Zulegierungseigenschaften gelten.

Für die genannten Werkstoffkombinationen werden im vorliegenden Forschungsbericht die technologischen Grundlagen erarbeitet. Insbesonders werden günstige Bereiche der verfahrenstechnischen Parameter beim Schweißen mit Bandelektroden der Standardabmessungen und mit Breitbandelektroden (bis 120 mm) abgegrenzt.

Eine Optimierung der Schweißraupengeometrie wird durch den Einsatz der magnetischen Lichtbogensteuerung angestrebt. Physikalische Grundlage dieser Steuerung ist die Lorentz-Kraft, die bei Überlagerung des Lichtbogen-Eigenmagnetfeldes mit einem Zusatzmagnetfeld entsteht, dessen Feldlinien senkrecht zur Elektrodenebene ausgerichtet sind. Zeitlich veränderliche Zusatzmagnetfelder fördern -im Vergleich zum ungesteuerten Schweißprozeß- eine gleichmäßigere Bewegung des Lichtbogens entlang der abschmelzenden Bandkante; durch ein konstantes Zusatzmagnetfeld kann der Einfluß der magnetischen Blaswirkung aufgehoben werden /23, 24_7.

Die Beurteilung der Schweißergebnisse erfolgt anhand der Geometrie und der Rißfreiheit der Schweißraupen. Die Angaben der Härte und der chemischen Zusammensetzung der verschleißfesten Beschichtungen sowie die Ergebnisse von Mikrosondenuntersuchungen können lediglich als Anhaltswerte für den zuerwartenden Verschleißwiderstand dienen. Eine endgültige Aussage über das Verschleißverhalten einer Panzerung wird letztlich nur im praktischen Einsatz des Bauteils gewonnen.

3. Versuchseinrichtung

Die technologischen Untersuchungen zum Panzern mit Hilfe der Unterpulver-Auftragschweißung mit Bandelektrode wurden an einem handelsüblichen Schweißautomaten durchgeführt, der mit einem am Institut für Schweißtechnische Fertigungsverfahren der RWTH Aachen entwickelten Spezialschweißkopf für Bandelektroden (bis 210 mm Breite) ausgerüstet war /18_7. Zwei Elektromagnete für den Einsatz der magnetischen Lichtbogensteuerung sind integrierte Bestandteile dieses Schweißkopfes (Bild 1).

Für die getrennte Zugabe pulverförmiger Hartlegierungen kann am Kühlblech des vorlaufenden Steuermagneten eine Dosiervorrichtung montiert werden, die über eine Stellschraube eine beliebige Veränderung der Pulverschütthöhe und über eine Stellwalze eine stufenlose Einstellung der Schüttbreite im Bereich von 50 bis 90 mm ermöglicht (Bild 1 und 2).

Als Schweißenergiequelle dienten drei parallel geschaltete einphasige Transformatoren mit nachgeschaltetem Gleichrichtersatz. Alle Schweißversuche wurden bei flach eingestelltem Kennlinienfeld der Quelle und positiver Polung der Bandelektrode durchgeführt.

Rißfreie Beschichtungen lassen sich, insbesondere bei Werkstoffen mit unterschiedlichen Wärmeausdehnungskoeffizienten, vielfach nur nach Vorwärmung der Werkstücke aufschweißen. Bei der Durchführung der Versuche wurde daher die in Bild 3 gezeigte Vorwärmeinrichtung verwendet. Die Versuchsbleche stützen sich auf dem Rahmen einer Stahlwanne ab und überdecken Heizelemente, die von einem Transformator gespeist werden. Das Einrichten der Bleche zum Schweißen überlappter Raupen wird durch einen Quersupport an der Vorrichtung erleichtert. Die Kontrolle des Temperaturverlaufes im Werkstück erfolgte mit Hilfe von Thermoelementen und eines Lichtstrahloszillografen.

Die Versuchsparameter Schweißstrom, Lichtbogenspannung, Elektrodenvorschub- und Schweißgeschwindigkeit sowie der Verlauf des Magnetisierungsstromes der Steuermagnete wurden auf einem 10-Kanal-Flüssigkeitsstrahloszillografen aufgezeichnet.

Den Gesamtaufbau der Versuchseinrichtung zum Panzern nach dem Unterpulver-Auftragschweißen mit Bandelektrode zeigt Bild 4.

4. Versuchswerkstoffe

Als Grundwerkstoffe für die Versuchsschweißungen dienten Stahlbleche der Qualität St 37, St 52-3 und H II. Vor dem Beschichten wurden die Bleche von Rost und Zunder befreit.

Beim Schweißen der Werkstoffkombinationen I und III wurden unlegierte Bandelektroden der Qualität S1 in den Querschnitten 50, 60 bzw. 75 mm X 0,5 mm eingesetzt. Schweißversuche nach den Kombinationen II und III wurden mit hochlegierten Bandelektroden der Qualität X 37 CrMo W 51 in den Abmessungen 90 bzw. 120 mm X 0,5 mm, mit der hochwarmfesten Elektrode X 45 CrSi 93 sowie dem korrosionsbeständigen Zusatzwerkstoff X2 CrNiNb 24 13 durchgeführt. Die Querschnitte der beiden letztgenannten Bandelektroden waren jeweils 60 mm X 0,5 mm.

Die Abmessungen und die chemische Zusammensetzung der Grund- und Zusatzwerkstoffe sind in Tabelle 1 zusammengefaßt. Das Versuchsprogramm umfaßte Schweißungen mit insgesamt 10 Schweißpulvern. Diejenigen Pulver, die zu praktisch nutzbaren Schweißergebnissen führten sind in Tabelle 2 aufgeführt und hinsichtlich Herstellungsart, chemischer Charakteristik und Zulegierungseigenschaften gekennzeichnet. Alle Schweißpulver wurden vor dem Einsatz mehrere Stunden im Ofen getrocknet.

Bei Schweißversuchen nach Werkstoffkombination III dienten
als Zusatzpulver vier Hartlegierungen auf Kobalt-Basis
(Stellite), zwei Hartlegierungen auf Nickel-Basis und das
Chromkarbidpulver Cr_3C_2 (Tabelle 3).

Alle Werkstoffpaarungen die zu befriedigenden Ergebnissen
führten sind zusammenfassend in Tabelle 4 aufgeführt. Auf
eine Zuordnung der verwendeten Grundwerkstoffe wurde ver-
zichtet, da diese aufgrund ihrer ähnlichen chemischen Zusammensetzung nur einen unwesentlichen Einfluß auf das
Schweißergebnis ausüben.

5. Versuchsergebnisse

5.1 Werkstoffkombination I: unlegierte Bandelektrode - zulegierendes Schweißpulver

Die Legierungszusammensetzung einer Panzerung nach dieser
Werkstoffkombination wird sowohl durch metallurgische Reaktionen zwischen der flüssigen Schlacke und dem Schweißgut als
auch durch den Grad der Vermischung des Zusatzwerkstoffes mit
dem aufgeschmolzenen Grundwerkstoff bestimmt. Beide Einflüsse
hängen weitgehend von den gewählten Schweißparametern ab.

Die metallurgischen Wechselwirkungen zwischen Metall und Pulver finden innerhalb und außerhalb der Schweißkaverne statt.
Zunächst reagiert der an der Elektrode sich bildende Schweißtropfen mit der ihn umgebenden Pulverschlacke. Der Übergang
des Tropfens ins Schmelzbad erfolgt entweder entlang der
Kavernenwand oder direkt durch die Kavernenatmosphäre. In beiden Fällen werden Legierungselemente übertragen. Schließlich
reagiert das gesamte Schweißbad mit der schmelzflüssigen
Schlacke.

Während die Auflegierung der Tropfen in der Metalldampfat-
mosphäre und die Aufnahme von Legierungselementen aus der
abgelagerten Pulverschlacke von untergeordneter Bedeutung
sind, wird ein weitaus stärkerer Legierungseffekt bei der
Reaktion Schweißtropfen - flüssige Schlacke erzielt.

Aufgrund der großen spezifischen Oberfläche und der hohen
Temperatur der Tropfen können besonders hohe Reaktionsge-
schwindigkeiten erwartet werden $\underline{/\ 25\_/}$.

Ein weiterer Legierungsmechanismus wird bei Verwendung von
Schweißpulvern mit metallischen Komponenten beobachtet. Die
im Pulver zunächst fein verteilt vorliegenden Metallteilchen
koagulieren in der flüssigen Schlacke zu Kügelchen - es wurden Kugeldurchmesser bis zu 2 mm gemessen - die infolge ihres
hohen spezifischen Gewichtes entweder durch die Schlackenhülle
der Schweißkaverne oder über die Grenzfläche Schlacke-Metall
in das Schweißbad absinken. Bild 5 veranschaulicht diesen Übergang. Der Schliff des in einer Einbettmasse gebundenen Schweißpulvers zeigt die Verteilung der metallischen Pulverbestand-
teile (Bild 5 a). Im Querschliff der Schlacke und in der
Schlackenunterseite werden die kugelig eingeformten, bei der
Erstarrung "eingefrorenen" Metallteilchen sichtbar (Bild 5 b,
c).
Eine vollständige Integration dieser Metallkügelchen im
Schmelzbad erfolgt nur bei hinreichender Schmelzbadgröße

und -temperatur. Zu niedrige Temperaturen im Schweißbad infolge ungünstiger Schweißparameter führen zu einem fleckenförmigen Aufschmelzen bzw. zu einem Ankleben der Metallkügelchen auf der Raupenoberfläche.

Die metallurgischen Reaktionen zwischen Metall und Pulverschlacke sind von den elektrischen Schweißparametern abhängig. Mit zunehmender Schweißstromstärke nimmt die Anzahl der an der Abschmelzkante der Bandelektrode sich bildenden Schweißtropfen zu, das Tropfenvolumen nimmt ab. Trotz einer Vergrößerung der spezifischen Tropfenoberfläche wird der Zubrand von Legierungselementen nicht wesentlich gesteigert, da die Tropfenentstehungszeiten kürzer werden.

Umgekehrt ist die Tendenz in Abhängigkeit von der Lichtbogenspannung $\underline{/}$ 26-28$\underline{/}$. Neben längeren Reaktionszeiten des Metalltropfens in der Schlacke stellt sich mit steigender Spannung ein größeres Schlackenvolumen geringerer Viskosität ein, d.h. es werden beide Legierungsmechanismen gefördert, die Auflegierung des Schweißtropfens und der direkte Übergang von Legierungskomponenten aus der Schlacke ins Schmelzbad.

Die Wahl der Schweißparameter darf nich ausschließlich unter legierungstechnischen Gesichtspunkten vorgenommen werden, sondern sollte unter Berücksichtigung der Oberflächen- und besonders der Einbrandgeometrie der Schweißraupen erfolgen.

Die Lichtbogenspannung verändert nur geringfügig Raupenbreite, Auftraghöhe und Einbrandtiefe. Hohe Spannungen führen jedoch zu Einbrandkerben am Raupenrand und aufgrund starker Kavernen- und Schmelzbadpulsationen zu einem unruhigen Prozeßablauf. Besondere Beachtung muß der Schweißgeschwindigkeit und der Schweißstromstärke geschenkt werden.

Mit zunehmender Schweißgeschwindigkeit sinkt auch bei Anpassung der elektrischen Parameter die Auftraghöhe ab; die Aufmischung steigt entsprechend der Einbrandtiefe stark an, da der Lichtbogen nicht mehr ausschließlich auf das Schmelzbad brennt, sondern in zunehmendem Maße direkt auf festen Grundwerkstoff einwirkt.

Den weitaus größten Einfluß auf die Geometrie der Schweißraupe hat die Schweißstromstärke. Bei zu niedrig gewählten Stromstärken bildet sich die Raupenoberfläche sehr wellig aus, die Fiederung wird grob. Die Raupenränder verlaufen nicht mehr geradlinig und sind aufgrund zu flacher Flankenwinkel zum Überlappen benachbarter Schweißraupen nicht geeignet.

Zu hohe Schweißstromstärken führen zu tiefen Einbränden und leichten Überhöhungen in Raupenmitte. Die Ursache für diese Aufwölbung des Raupenprofils konnte anhand röntgenologischer Untersuchungen gedeutet werden und ist im Pendelverhalten der Lichtbögen zu sehen, die sich bei hoher Schweißstromstärke vorwiegend in der Mitte der Bandelektrode aufhalten und nur kurzzeitig die Randbereiche der Schweißraupen überstreichen.

Schweißungen bei einer Werkstoffpaarung entsprechend Ver-

suchsreihe 3 (vergl. Tab. 4) verdeutlichen den Einfluß der
Schweißstromstärke auf die Einbrandgeometrie der Schweißraupen und den Grad der Auflegierung des Schweißgutes durch
das Schweißpulver. Als Ersatzkriterium für die Verschleißeigenschaften der Beschichtung wurde die Härte gewählt (Bild 6).
Der Querschnitt der Bandelektrode betrug 75 mm X 0,5 mm.

Im Bereich der Schweißstromstärken von 810 bis 850 A fällt die
mittlere Einbrandtiefe von 0,5 auf 0,4 mm ab. - Der tiefere
Einbrand bei geringerer Stromstärke ist auf die hier mit
10 cm/min für die gegebene Werkstoffpaarung zu hoch gewählte
Schweißgeschwindigkeit zurückzuführen, bei der, wie zusätzliche Schweißversuche bestätigten, die direkte Einwirkung
des Lichtbogens auf festen Grundwerkstoff bereits einsetzt. -
Oberhalb 850 A steigt die Einbrandtiefe stark an und erreicht
bei 900 A einen Wert von 0,9 mm. Die Aufmischung zeigt einen
zur Einbrandtiefe analogen Verlauf. Bei Schweißstromstärken
von 810 bis 850 A fällt sie von 8 auf 7 % ab und steigt an-
schließend auf über 20 % bei 900 A an. Mit zunehmender Aufmischung schwächt sich die Konzentration der Legierungselemente im Schweißgut ab. Die Härte der Beschichtung wächst
daher zunächst stark, bei Schweißstromstärken über 850 A
zunehmend degressiv an.

Ein günstiger Kompromiß zwischen der Legierungszusammensetzung des Schweißgutes und der Geometrie der Schweißraupen wurde bei der vorliegenden Werkstoffpaarung mit einer
Spannung von 23,8 V, einer Schweißstromstärke von 875 A
und einer Schweißgeschwindigkeit von 8,2 cm/min erreicht.
Einen Querschliff dieser Versuchsschweißung zeigt Bild 7.
Das beste Ergebnis innerhalb dieser Versuchsreihe hinsichtlich Raupengeometrie, Aufmischung, Abschmelz- und Beschichtungsleistung konnte mit Hilfe der magnetischen Lichtbogensteuerung erzielt werden. Die entsprechenden Versuchs- und
Auswertedaten sind in Tabelle 5 zusammengefaßt.

Innerhalb der Versuchsreihe 5 konnten mit Schweißstromstärken
unter 600 A beim Einsatz 50 mm breiter Bandelektrode keine
befriedigenden Schweißergebnisse erzielt werden. Die Schweißraupen bilden sich schmaler aus, ihre Ränder werden unregel-
mäßiger. Die aus der Pulverschlacke abgeschiedenen Legierungsbestandteile können aufgrund zu niedriger Schmelzbadtempe-
raturen nur zum Teil im Schweißgut aufgenommen werden. Der
Rest verbleibt in Form unterschiedlich stark angeschmolzener
Metallkügelchen auf der Raupenoberfläche (Bild 8).

Die im Rahmen des Versuchsprogramms eingesetzten Schweißpulver unterscheiden sich in ihrer Zusammensetzung und somit
auch hinsichtlich ihrer physikalischen Eigenschaften wie
spezifisches Gewicht, Schmelzbereich, Viskosität und Ober-
flächenspannung der Schlacke, elektrische Leitfähigkeit und
Strombelastbarkeit. Diese Faktoren bestimmen sowohl die Zu-
legierungs- als auch die Schweißeigenschaften der Pulver. Für
jedes Schweißpulver muß daher der Arbeitsbereich günstiger
Schweißparameter getrennt festgelegt werden.

Bild 9 zeigt den Einfluß unterschiedlicher Schweißpulver auf
die Härte von Panzerungen, erstellt nach Werkstoffkombination
I (Versuchsreihe 1-6). Die Härteverläufe wurden an Proben im
Schweißzustand, senkrecht zur Raupenoberfläche ermittelt. Durch

eine gezielte Wärmenachbehandlung kann der Verschleißwiderstand einer Panzerung nach der vorliegenden Werkstoffkombination, insbesondere bei abrasiver Beanspruchung noch weiter erhöht werden. So führte z.B. eine Ölhärtung (1050°C, 20 min/Öl) an Proben aus Versuchsreihe 2 zu einem Anstieg der Härte von 240 HV 10 auf 300 HV 10 bzw. bei Versuchsreihe 4 von 330 HV 5 auf 400 HV 5.

Die Gefügeausbildung von Schweißungen mit unlegierter Bandelektrode unter neutralem Schweißpulver und unter Pulvern verschiedener Zulegierungseigenschaften zeigt Bild 10. Es wird deutlich, daß beim Einsatz von zulegierenden Schweißpulvern, vermutlich infolge erhöhter Keimbildung, eine feinkörnigere Struktur des Gefüges erreicht wird.

Die günstigen Bereiche der Schweißparameter und der Daten der magnetischen Lichtbogensteuerung von Versuchsreihen nach Werkstoffkombination I sowie die entsprechenden Auswerteergebnisse sind zusammenfassend in Tabelle 5 aufgeführt. Bei allen Versuchen konnten auch ohne Vorwärmung der Versuchsbleche rißfreie Schweißraupen erstellt werden.

Die besten Schweißeigenschaften wurden bei den zulegierenden Pulvern D und E festgestellt. Trotz enger Begrenzung der Schweißparameter konnten beim Einsatz der restlichen Schweißpulver -auch bei Steuerung der Lichtbogenbewegung durch konstante und zeitlich veränderliche Zusatzmagnetfelder- keine Schweißergebnisse erzielt werden, die hohe Anforderungen an die Oberflächen- und Einbrandgeometrie der Schweißraupen zulassen.

Bedingt durch das hohe spezifische Gewicht dieser Pulver wird das Schweißbad in die Randbereiche verdrängt, es entstehen eingefallene Schweißraupen. Die meist feine Körnung der Schweißpulver führt aufgrund der geringen Gasdurchlässigkeit zu hohen Kavernendrücken, die heftige Kavernen- und Schmelzbadpulsationen hervorrufen und somit Ursache für die wellige Ausbildung der Raupenoberfläche sind. Ein weiterer Nachteil dieser Pulver zeigt sich in der schlechten Schlackenentfernbarkeit, die auf Mikrobindungen der metallhaltigen Schlacke mit der Raupenoberfläche zurückgeführt werden kann.

Die meisten zur Zeit im Handel erhältlichen zulegierenden Pulver wurden für das Schweißen mit Drahtelektrode ausgelegt und sind daher für das Panzern mit Bandelektrode aufgrund ihrer unzureichenden physikalischen Eigenschaften nur wenig geeignet.

5.2 Werkstoffkombination II:

legierte Bandelektrode - neutrales bzw. zulegierendes Schweißpulver

Eine geringere Abhängigkeit von den Schweißparametern ist bei der Werkstoffkombination legierte Bandelektrode -neutrales Schweißpulver im Vergleich zum Schweißen mit unlegierter Elektrode unter zulegierenden Pulvern gegeben. Die chemische Zusammensetzung der Beschichtung ist durch die Legierung der Elektrode annähernd vorbestimmt und wird lediglich durch die Aufmischung und durch Abbrandverluste beeinflußt. Die Wahl der Schweißparameter erfolgt daher weitgehend im Hinblick auf eine Optimierung der Schweißraupengeometrie.

Ein vollständiger Ausgleich von Abbrandverlusten kann über entsprechend legierte Schweißpulver, z.B. Pulver mit "Chromstütze" erreicht werden. Diese Hilfsstoffe müssen den jeweiligen Zusatzwerkstoffen angepaßt sein. Sind solche Schweißpulver nicht verfügbar, so empfiehlt es sich, zur Reduzierung der Abbrandverluste -im Gegensatz zu Werkstoffkombination I- mit höheren Schweißstromstärken und geringeren Lichtbogenspannungen zu arbeiten. Legierungselemente der Elektrode, die nicht im Pulver vorhanden sind, werden bei Kontakt des Schweißtropfens mit dem aufgeschmolzenen Pulver oxidiert und gehen in die Schlacke über /28_7. Erhöhte Schweißstromstärken und geringere Spannungen fördern einerseits den freien, direkten Werkstoffübergang, wobei die Reaktion Schlacke-Metall innerhalb der Schweißkaverne unterbunden wird und verkürzen andererseits aufgrund der höheren Bewegungsgeschwindigkeit des Lichtbogens die Reaktionszeiten an Stellen außerhalb der Kaverne, an denen die Abschmelzkante der Elektrode von flüssiger Schlacke umgeben ist.

Dieser Sachverhalt konnte beim Schweißen mit der hochwarmfesten Bandelektrode X 45 CrSi 9 3 unter neutralem Schweißpulver bestätigt werden (Versuchsreihe 7). Der starke Härteanstieg im Bereich der Schweißstromstärken von 730 bis 775 A (Bild 11) ist auf eine Verringerung der Abbrandverluste zurückzuführen. Über 775 A wirkt sich die mit der Schweißstromstärke zunehmende Aufmischung verstärkt aus; die Beschichtungshärte nimmt nur noch geringfügig zu und nähert sich bei etwa 850 A einem Maximalwert.

Erhöhte Abbrandverluste werden beim Schweißen mit Breitbandelektrode beobachtet. Schweißversuche mit 180 mm breiten Elektroden der Qualität X 2 CrNiNb 21 10 führten z.B. auch bei geringer Aufmischung zu Chromverlusten bis 5 %. Als Ursache kann hier eine Stromverzweigung in mehrere, gleichzeitig brennende Lichtbögen angesehen werden, deren Existenz mit Hilfe der Röntgen-Hochgeschwindigkeitsfotografie nachgewiesen wurde. Aufgrund der geringen Stromdichten werden die Schweißtropfen bereits in der Entstehungsphase von Pulverschlacke benetzt; die Reaktionszeiten verlagern sich infolge der geringeren Bewegungsgeschwindigkeit der Lichtbögen zu höheren Werten. Beide Effekte begünstigen die Verschlackung von Legierungsbestandteilen der Elektrode.

Günstige Schweißergebnisse konnten innerhalb der Versuchsreihe 7 mit 60 mm breiter Bandelektrode bei Schweißstromstärken von 730 bis 850 A und Lichtbogenspannungen von 27,5 bis 30 V erzielt werden. Die optimierten Versuchsparameter und die Auswertedaten sind in Tabelle 5 aufgeführt. Durch Einsatz der magnetischen Lichtbogensteuerung konnte die Raupenbreite gegenüber ungesteuerten Versuchen erhöht, und somit die Beschichtungsleistung gesteigert werden. Auch bei Auftraghärten über 700 HV 10 wurden nach der Farbeindringprüfung keine Risse in der Panzerung festgestellt.

Schweißversuche mit der hochwarmfesten Bandelektrode
X 45 CrSi 93 unter den leicht basischen, zulegierenden
Schweißpulvern B und C (Versuchsreihe 8 und 9) erbrachten
keine wesentlichen Härtesteigerungen gegenüber den
Schweißungen unter neutralem Pulver. Die Schweißraupen
werden in ihrer Geometrie, entsprechend den Ausführungen
in Kap. 5.1 negativ beeinflußt und gleichen den Ergebnissen, die mit unlegierter Bandelektrode und zulegierenden
Schweißpulvern erzielt wurden.

Günstige Ergebnisse lassen sich bei Schweißversuchen mit der
hochlegierten Elektrode X 37 CrMo W 51 (in den Abmessungen
90 mm X 0,5 mm) und dem neutralen Schweißpulver bei Schweißstromstärken im Bereich von 890 bis 1025 A und Lichtbogenspannungen von 29 bis 34 V erzielen. Die Schweißgeschwindigkeit betrug jeweils etwa 10 cm/min (Versuchsreihe 10).
Den Einfluß der Schweißstromstärke auf die Abschmelzleistung
und die Aufmischung verdeutlicht Bild 12.

Die Beschichtungshärten dieser Werkstoffpaarung liegen unter
620 HV 10, erreichen also nicht die Werte, die mit der hochwarmfesten Elektrode erzielt wurden. Die Schweißraupen weisen
jedoch eine gleichmäßige Oberfläche und glattere Einbrandprofile auf (Bild 13). Ein günstiger Kompromiß zwischen
Raupengeometrie und Auftraghärte zeichnet sich bei einer
Schweißstromstärke von 950 A und einer Lichtbogenspannung von
31 V ab (vergl. Tab. 5). Proben von Panzerungen, geschweißt
mit den optimierten Parametern, wurden einer chemischen Analyse und einer Mikrosondenuntersuchung unterzogen. Der Vergleich der chemischen Zusammensetzung der Elektrode (Tab. 1)
mit den Analysenwerten der Panzerung (Tab. 6) weist die
durch Aufmischung und Abbrand entstandenen Verluste an Legierungselementen aus.

Die Konzentrationsprofile von Legierungselementen, aufgenommen mit einer Mikrosonde (Bild 14), zeigen, daß die chemische Zusammensetzung einer Schweißraupe, mit Ausnahme einer
schmalen Übergangszone, infolge starker Schmelzbadverwirbelung, gleichmäßig ist. Dieser Sachverhalt stimmt mit dem
Befund der Mikroanalysen von UP-Bandplattierungen überein
$\underline{/}$ 29_$\underline{7}$. Es kann also erwartet werden, daß der Verschleißwiderstand der untersuchten Panzerung ab etwa 100 μm oberhalb der Schmelzgrenze gleichbleibend ist. Die quantitative
Zuordnung der Konzentrationsprofile zu den entsprechenden
Legierungsgehalten in Bild 14 erfolgte näherungsweise anhand
der chemischen Analyse.

Bild 15 zeigt die Gefügeausbildung einer Panzerung der Versuchsreihe 10 (Schweißzustand) in den Bereichen Auftragkante,
Auftragmitte und Übergang zum Grundwerkstoff. Die Gefügeaufnahmen weisen grobnadeligen Martensit mit Restaustenit auf.
Die gleichmäßige Struktur in unterschiedlichen Bereichen der
Panzerung deutet, ebenso wie die Konzentrationsprofile der
Mikrosondenuntersuchung und die Verläufe einer Mikrohärtemessung auf die Gleichmäßigkeit der Legierungsverteilung
über die Auftraghöhe dieser verschleißfesten Beschichtung hin.

Schweißversuche unter zulegierenden Schweißpulvern führten
auch beim Einsatz der Elektrode X 37 CrMo W 51 zu weniger
zufriedenstellenden Ergebnissen (Versuchsreihe 11-13). Hier
bilden sich die Schweißraupen ungleichmäßiger am Rand und
welliger in der Oberfläche aus. Die Auftraghärten liegen
unter denen, die bei Verwendung des neutralen Pulvers erzielt werden (Bild 16). Als Ursache wird ein erhöhter Verlust an Kohlenstoff angenommen, der durch Abbindung an
Elemente der chemisch aktiven agglomerierten Schweißpulver
entsteht und eine Bildung von Hartstoffphasen verhindert.

Die Versuche zum verschleißfesten Auftragschweißen nach
Werkstoffkombination II zeigen, daß mit legierten Bandelektroden und Schweißpulvern ohne Zulegierungseigenschaften
Panzerungen hoher Qualität im Hinblick auf die Oberflächengüte und die Einbrandgeometrie erzielt werden können. Die
erreichten Auftraghärten deuten auf einen hohen Verschleißwiderstand bei überwiegend abrasiver Beanspruchung hin.

Vom Einsatz zulegierender Schweißpulver bei Verwendung legierter Elektroden wird wegen der ungenügenden Schweißeigenschaften der handelsüblichen Pulver abgeraten.

Der Einsatz des Unterpulver-Auftragschweißverfahrens mit
Bandelektrode beschränkt sich nicht nur auf großflächige,
ebene Bauteile. Die Vorteile des Verfahrens können auch bei
kleineren Werkstücken mit gekrümmten Oberflächen genutzt
werden. Als Beispiel zeigt Bild 17 die Plattierung eines
Rohres mit einem Außendurchmesser von 80 mm. Bei dieser Versuchsschweißung wurden eine 60 mm breite austenitische
Cr-Ni-Stahlbandelektrode und ein neutrales Schweißpulver
eingesetzt.

5.3 Werkstoffkombination III:

unlegierte bzw. legierte Bandelektrode - neutrales bzw.
zulegierendes Schweißpulver - getrennte Zugabe pulverförmiger Hartlegierungen

Die Verwendung zusätzlicher metallischer Pulver führte beim
Unterpulver-Verbindungsschweißen mit Drahtelektrode zu einer
Steigerung der Abschmelzleistung und der Schweißgeschwindigkeit, sowie zu einer Verbesserung der mechanischen Eigenschaften der Schweißverbindung $\underline{/}$ 30$\underline{\_/}$.

Beim Auftragschweißen wurde in den USA, als Alternative zu den
Verfahren, die mit legierten Drahtelektroden, gegossenen
Stäben, Fülldrahtelektroden oder zulegierenden Schweißpulvern
arbeiten, eine Methode entwickelt, die sich zur Erzielung der
gewünschten Legierungszusammensetzung einer Beschichtung
ebenfalls pulverförmiger Zusatzwerkstoffe bedient. Diese
Methode wurde 1960 patentiert und später unter der Bezeichnung "Bulk Welding" bekannt $\underline{/}$ 31 - 33$\underline{\_/}$.

Beim Unterpulver-Auftragschweißen führt die getrennte Zugabe
pulverförmiger Hartlegierungen zu einer Reihe von metallurgischen und technologischen Vorteilen. So können z.B. auch
solche Werkstoffe eingesetzt werden, die sich aufgrund ihrer
Härte oder Sprödigkeit weder zu Drähten ziehen, noch zu
Bändern auswalzen lassen; die Palette der Auftragwerkstoffe

wird somit wesentlich erweitert. Die Menge der einzubringenden Legierungselemente ist weit weniger begrenzt als beim Schweißen mit legierter Elektrode oder zulegierendem Schweißpulver. Durch geeignete Werkstoffpaarungen können kombinierte Beschichtungseigenschaften erzielt werden, wie Korrosionsbeständigkeit bei hohem Verschleißwiderstand. Ein wesentlicher Vorteil dieser Methode beruht darauf, daß ein Teil der Lichtbogenenergie beim Aufschmelzen des Zusatzpulvers verbraucht wird. Aus der reduzierten Wärmeeinbringung in den Grundwerkstoff resultieren u.a. ein sehr flaches und gleichmäßiges Einbrandprofil der Schweißraupe, eine schmale Wärmeeinflußzone und ein geringer Verzug des Werkstücks.

Im vorliegenden Versuchsprogramm wurden pulverförmige Hartlegierungen in definierter Schütthöhe und -breite über die am Schweißkopf befestigte Dosiervorrichtung auf das Werkstück aufgebracht, durch Schweißpulver abgedeckt und im Lichtbogen zwischen Bandelektrode und Versuchsblech aufgeschmolzen.

Die Möglichkeit zur Veränderung der Legierungszusammensetzung einer Beschichtung und somit ihrer Eigenschaften durch unterschiedliche Dosierung der Legierungskomponenten kann anhand der Ergebnisse von Schweißungen mit unlegierter Bandelektrode (50 mm X 0,5 mm), neutralem Schweißpulver und dem Stellit-Zusatzpulver St 6 (Versuchsreihe 14) aufgezeigt werden (Bild 18). Ohne Stellitpulver wird eine Auftraghärte von 175 HV 5 erreicht. Bei Zugabe des Zusatzpulvers in einer Schüttbreite von 45 mm und einer Schütthöhe von 1; 2 und 3 mm ergeben sich Härtewerte von 280, 380 und 460 HV 5. Diese Versuche wurden mit annähernd gleichen Schweißparametern durchgeführt (Tabelle 5). Die Schweißraupen unterscheiden sich hinsichtlich ihrer Randausbildung und ihrer Oberflächenbeschaffenheit nur unwesentlich von denen, die ohne Legierungszusätze erzielt wurden.

Gefügeaufnahmen dieser Panzerungen aus dem Bereich der Auftragmitte lassen den starken Einfluß des Zusatzpulvers bei unterschiedlicher Dosierung auf die Ausbildung des Gefüges erkennen (Bild 19).

Schweißversuche mit einer 75 mm breiten, unlegierten Bandelektrode unter neutralem Schweißpulver führten sowohl mit einem Zusatzpulver auf Kobalt-Basis (SF 6; Versuchsreihe 15) als auch mit einem Pulver auf Nickel-Basis (SF 60; Versuchsreihe 16) zu Schweißraupen mit befriedigender Geometrie. In beiden Versuchsreihen konnten jedoch trotz Vorwärmung der Versuchsbleche auf 180 °C keine rißfreien Panzerungen erstellt werden.

Beim Einsatz von Chromkarbid (Cr_3C_2) als Zusatzpulver wurde mit 530 HV 10 die höchste Härte bei der Werkstoffkombination unlegierte Bandelektrode-neutrales Schweißpulver-pulverförmige Hartlegierungen erreicht (Versuchsreihe 17). Der Schweißprozeß war hier jedoch stark kurzschlußbehaftet, sodaß sich die Raupenoberflächen sehr ungleichmäßig ausbildeten.

In den Versuchsreihen 18 und 19 wurde eine 75 mm breite unlegierte Bandelektrode unter dem zulegierenden Schweißpulver C abgeschmolzen. Als Zusatzpulver wurden die Stellit-Legierungen St 1 und SF 1 in einer Schüttung von jeweils 2 mm X 65 mm eingesetzt. Mit beiden Zusatzpulvern konnten

praktisch nutzbare Schweißergebnisse erzielt werden. Die
optimierten Versuchsparameter dieser Werkstoffpaarungen
liegen in dem Bereich, der bei Schweißversuchen mit unlegierter Bandelektrode unter Schweißpulver C als günstig
befunden wurde (Tabelle 5, Versuchsreihe 3). Mit dem Stellitpulver St 1 konnte gegenüber Versuchsreihe 3 eine Härtesteigerung um etwa 20 % auf 400 HV 10 erreicht werden.

Bei Verwendung der Stellitlegierung SF 1 wurde gegenüber
Schweißungen ohne pulverförmige Zusätze keine Härtesteigerung festgestellt. Der Verlauf der Mikrohärte über der Beschichtungshöhe (Bild 20) weist auf eine gleichmäßige Einlagerung der Hartphasen im Gefüge hin.

Alle Schweißungen nach Versuchsreihe 18 und 19 wurden ohne
Vorwärmung der Werkstücke durchgeführt. Die Farbeindringprüfung ließ keine Risse in den Oberflächen- bzw. in den
Querschliffen der Panzerungen erkennen.

Verschleißfeste Beschichtungen wurden in den Versuchsreihen
20 - 26 mit der austenitischen Bandelektrode X 2 CrNiNb 24 13,
dem neutralen Schweißpulver A und mit Hartlegierungen auf
Kobalt- und Nickelbasis sowie dem Zusatzpulver Cr_3C_2 erstellt.
Mit diesen Werkstoffpaarungen wurden die besten Ergebnisse des
gesamten Versuchsprogrammes, bezogen auf die Schweißraupengeometrie erzielt. Die Bereiche günstiger Schweißparameter
werden auch durch die Zugabe der einzelnen Hartlegierungen
bei gleicher Pulverschüttung (hier 1 mm X 55 mm) nur wenig
verändert (Tabelle 5; Versuchsreihe 20, 26). Die Werte für
die Auftraghöhe und die Breite der erzielten Schweißraupen
unterscheiden sich nur unwesentlich. Die Einbrandtiefen nehmen, abhängig von den physikalischen Eigenschaften der Zusatzpulver wie Schmelzwärme und Schmelzbereich, Werte zwischen
0,18 und 0,52 mm an; die entsprechenden Aufmischungen liegen
zwischen 4 und 10 %. Trotz einer Vorwärmung der Versuchsbleche wurden auf den Oberflächen einzelner Panzerungen Risse
festgestellt, die meist vom Endkrater der Schweißraupen ausgingen (Bild 21). Als Ursache für die Rißbildung wird ein zu
unterschiedliches Wärmeausdehnungsverhalten von Schweißgut und
Grundwerkstoff angenommen. Risse traten insbesondere beim
Einsatz der Hartlegierungen SF 1, SF 6, SF 50 und SF 60 auf.
- Zusätzliche Versuche mit einer austenitischen Bandelektrode
der Qualität X 2 CrNiNb 21 10 führten bei Verwendung der genannten Zusatzpulver zu fehlerfreien Schweißraupen.

Rißfreie Panzerungen wurden mit dem Stellitpulver St 6 und
dem Chromkarbidpulver erzielt.
Die innerhalb der Versuchsreihen 20 - 26 erstellten Schweißraupen weisen mit 190 - 225 HV 5 relativ geringe Härten auf.
Eine Wärmenachbehandlung (1050°C / 20 min / Öl) führte
zu einem gleichmäßigeren Härteprofil bei geringeren Härtewerten.

Bild 22 veranschaulicht die Oberflächengüte einer Panzerung,
geschweißt mit austenitischer Bandelektrode unter neutralem
Schweißpulver bei Zugabe der Stellitlegierung St 6. Die
Schweißraupen sind sehr eben und glatt, die Überlappung ist
kerbfrei. Die ausgewerteten Daten dieser Schweißung sind
Tabelle 5 zu entnehmen.

Innerhalb der Versuchsreihen 27 - 33 wurde die hochlegierte
Bandelektrode X 37 CrMo W 51 unter Schweißpulver A bei Zugabe der verschiedenen Hartlegierungspulver geschweißt. Bei
diesen Werkstoffpaarungen konnten gegenüber Schweißungen ohne
Zusatzpulver z.T. wesentlich höhere Beschichtungshärten erreicht werden. Die besten Ergebnisse hinsichtlich der Schweißraupengeometrie und der Härte wurden mit den Pulvern St 1,
St 6 und Cr_3C_2 erzielt. Diese Zusatzwerkstoffe konnten auch
ohne Vorwärmung der Versuchsbleche rißfrei geschweißt werden.
Die Schüttung der Hartlegierungen war innerhalb dieser Versuchsreihen jeweils 2 mm x 80 mm bei 90 mm breiter, bzw.
2 mm x 110 mm bei 120 mm breiter Bandelektrode. Die sehr
geringen Einbrandtiefen führten bei diesen Versuchen zu Aufmischungen zwischen 5,4 und 10 % (vergl. Tabelle 5).

Die Auftraghärten von Panzerungen, die mit sieben verschiedenen Zusatzpulvern geschweißt wurden, erreichten Werte
zwischen 550 und 660 HV 10. Eine Wärmebehandlung an Proben
von Schweißungen mit Hartlegierungen auf Co- und Ni-Basis
führte stets zu einem zwar niedrigeren, jedoch gleichmäßigeren Härteprofil, gemessen senkrecht zur Raupenoberfläche.
Dieser Härteabfall soll exemplarisch an einem Beispiel aus
Versuchsreihe 28 gedeutet werden. Die Mischkristallausscheidungen, die im Schweißzustand an den Korngrenzen konzentriert
auftreten, werden im wärmebehandelten Zustand breiter verteilt, die Korngrenzen sind aufgelockert (Bild 23). Eine
gleichmäßigere Verteilung der Legierungskomponenten durch eine
Wärmebehandlung kommt auch in den Konzentrationsverläufen der
Mikrosondenuntersuchungen zum Ausdruck (Bild 24).

Auch bei geringeren Härten der wärmebehandelten Beschichtungen
(400 - 500 HV 10) können bei Werkstoffkombinationen mit
Hartlegierungen auf Co- oder Ni-Basis Verschleißeigenschaften
erwartet werden, die sich je nach Art und Dosierung der Zusatzlegierungen hinsichtlich der mechanischen Gütewerte z.B.
Zeitstandfestigkeit oder Warmfestigkeit durch Mischkristallbildung weitgehend variieren lassen.

Im Gegensatz zu diesen Untersuchungen wurde beim Einsatz des
pulverförmigen Chromkarbids (Versuchsreihe 33) ein deutlicher
Härteanstieg nach einer Ölhärtung (3 h / 1050°C / Öl) festgestellt. Bei einer Pulverschüttung von 1 mm x 85 mm konnte
eine mittlere Auftraghärte von 700 HV 10 erreicht werden,
die bei der doppelten Schütthöhe auf über 800 HV 10 gesteigert wurde. Das Gefüge einer solchen Panzerung (Bild 25)
weist im Schweißzustand eine Gußstruktur auf, mit Karbidausscheidungen eutektischer Ausbildung an den Korngrenzen. Der
starke Härteanstieg durch die Wärmebehandlung wird als Folge
einer erhöhten Karbidausscheidung an den Korngrenzen und im
Korninneren verursacht.

Alle Panzerungen mit Chromkarbid als Zusatzpulver blieben auch
nach einer Wärmebehandlung rißfrei. Bei einer Lagerung von
Proben über 6 Monate in feuchter Umgebung ließ sich auf den
Raupenoberflächen kein korrosiver Angriff erkennen. Diese Werkstoffkombination dürfte daher für eine gleichzeitige Beanspruchung auf Verschleiß und Korrosion geeignet sein.

Die Möglichkeit zur gezielten Beeinflussung der Legierungszusammensetzung von Panzerungen durch die Zugabe unterschiedlicher Zusatzpulver wird in Tabelle 6 deutlich. Bei Verwendung der Stellitlegierungen St 6 (Versuchsreihe 28) und SF 1 (Versuchsreihe 29) in einer Dosierung von jeweils 2 mm X 80 mm konnten gegenüber Versuchsschweißungen ohne Zusatzpulver (Versuchsreihe 10) die Legierungsgehalte vor allem an Chrom wesentlich erhöht werden. Eine noch weitere Steigerung des Chromgehaltes wurde beim Einsatz des Chromkarbidpulvers trotz geringerer Schüttung von 1 mm X 85 mm (Versuchsreihe 33) erzielt.

Der Einsatz pulverförmiger Zusatzwerkstoffe beim Unterpulver-Auftragschweißen mit Bandelektrode bietet dem Anwender die Möglichkeit, bei Wahl der geeigneten Pulversorte und -dosierung -weitgehend unabhängig von der verfügbaren Elektrodenqualität- die Verschleißeigenschaften einer Panzerung den jeweiligen Betriebsbedingungen anzupassen. Die entstehenden Verluste an Legierungselementen aus den Zusatzpulvern werden aufgrund mehrfacher Gewichtsvergleiche auf unter 8 % geschätzt. Im praktischen Einsatz sollte geprüft werden, ob die im Rahmen des Versuchsprogrammes eingesetzten pulverförmigen Legierungen, die ursprünglich für das Plasma-Auftragschweißen entwickelt wurden, hinsichtlich ihrer Körnung dem Unterpulver-Schweißprozeß noch besser angepaßt werden können.

6. Schlußbemerkung

Die ständig wachsenden Forderungen an die Qualität verschleißbeanspruchter Bauteile können nur durch die Verbesserung der Werkstoffgüten und die kontinuierliche Weiterentwicklung der Fertigungsverfahren zufriedenstellend erfüllt werden.

Zur Bewältigung der vielfältigen Beschichtungsaufgaben steht heute eine große Anzahl von Technologien zur Verfügung, unter denen den Schmelzschweißverfahren eine besondere Bedeutung zukommt. Die Entscheidung für ein Verfahren wird u.a. unter Berücksichtigung der Form und der Größe des Werkstückes, der Art und der Qualität des Werkstoffes sowie der Wirtschaftlichkeit der Fertigungsmethode getroffen.

Eines der leistungsfähigsten Verfahren für großflächige Beschichtungen ist das Unterpulver-Auftragschweißen mit Bandelektrode. Seine besonderen Vorteile, wie die hohe Qualität des Schweißergebnisses, gekennzeichnet durch die Oberflächengüte der Schweißraupen und die geringe Aufmischung oder die hohe Wirtschaftlichkeit infolge der erzielbaren Abschmelz- und Beschichtungsleistungen, werden zur Zeit noch fast ausschließlich beim Plattieren z.B. von Großbauteilen im Behälter- und Reaktorbau genutzt. Ziel des Forschungsvorhabens war es daher, diese Vorteile des Verfahrens auch auf das großflächige Panzern zu übertragen. Hierbei wurden mehrere Möglichkeiten untersucht, die Legierungszusammensetzung der verschleißfesten Beschichtung durch unterschiedliche Kombinationen der Zusatzwerkstoffe und Hilfsstoffe zu erreichen.

Beim Schweißen mit unlegierter Bandelektrode unter zulegierenden Schweißpulvern ergibt sich die Legierungszusammensetzung einer Panzerung aus der Aufmischung des Schweißgutes durch den aufgeschmolzenen Grundwerkstoff, den metallurgischen Reaktionen zwischen der flüssigen Schlacke und dem Schweißgut und dem Anteil der unmittelbar aus der Schlacke ins Schmelzbad übergehenden metallischen Legierungsbestandteile.
Diese Einflüsse hängen entscheidend von Schweißstrom und Lichtbogenspannung ab. Der Bereich günstiger Schweißparameter ist daher eng begrenzt und muß für jedes Schweißpulver aufgrund seiner spezifischen physikalischen Eigenschaften getrennt festgelegt werden. Da die meisten handelsüblichen zulegierenden Pulver für das Schweißen mit Drahtelektrode ausgelegt sind, sollte diese Werkstoffkombination nur dann zur Anwendung kommen, wenn hinsichtlich der gewünschten Legierungszusammensetzung ein gewisser Spielraum erlaubt ist und an die Oberfläche der geschweißten Panzerungen keine allzu hohen Anforderungen gestellt werden. Es wäre wünschenswert, zulegierende Schweißpulver zu entwickeln, die in ihrer Charakteristik dem Unterpulver-Schweißprozeß beim Einsatz von Bandelektroden besser angepaßt sind.

Eine weniger große Abhängigkeit von den Schweißparametern besteht bei der Werkstoffkombination legierte Bandelektrode - neutrales bzw. zulegierendes Schweißpulver. Die chemische Zusammensetzung der Beschichtung ist im wesentlichen durch die Legierung der Elektrode vorgegeben und wird lediglich durch die Aufmischung und die Abbrandverluste beeinträchtigt. Der Abbrand an Legierungselementen kann durch Wahl geeigneter Schweißparameter in Grenzen gehalten oder bei Verwendung von Schweißpulvern mit "Legierungsstütze" vollkommen ausgeglichen werden . Die Verbesserung der Verschleißeigenschaften einer Panzerung durch den Einsatz zulegierender Schweißpulver wird durch die hohe Unsicherheit der quantitativen und qualitativen Legierungseinbringung in Frage gestellt.

Eine interessante Erweiterung des Unterpulver-Auftragschweißverfahrens mit Bandelektrode wurde mit der getrennten Zugabe pulverförmiger Legierungen gefunden. Bei dieser Verfahrensvariante wird die Palette der Zusatzwerkstoffe um solche Qualitäten erweitert, die aufgrund ihrer mechanischen Eigenschaften weder zu Drähten, noch zu Bändern verarbeitet werden können. Dem Anwender wird bei dieser Werkstoffkombination die Möglichkeit geboten, weitgehend unabhängig von Elektrodenwerkstoff und Schweißpulver nahezu jede gewünschte Legierung zu erzielen, wobei die qualitative und quantitative Zusammensetzung einer Beschichtung durch die Wahl des entsprechenden Zusatzpulvers und seiner Dosierung vorbestimmt werden kann. Hierdurch wird es möglich, verschleißfeste Werkstückoberflächen mit gleichzeitiger Korrosionsbeständigkeit zu erzielen. Ein weiterer Vorteil dieser Methode beruht darauf, daß ein Teil der Lichtbogenenergie beim Aufschmelzen des Zusatzpulvers verbraucht wird, wobei sich aufgrund der reduzierten Wärmeeinbringung in den Grundwerkstoff eine geringere Aufmischung und ein weniger starker Verzug des Werkstücks ergibt.

Inwieweit sich die unter Laborbedingungen erzielten Ergebnisse der vorliegenden technologischen Untersuchungen in die schweißtechnische Fertigung übertragen lassen, muß in der Praxis geprüft werden. Eine Abschätzung des Verschleißwiderstandes der erstellten Panzerungen konnte anhand der gewählten Kriterien nur näherungsweise im Hinblick auf eine abrasive Beanspruchung erfolgen. Eine endgültige Aussage über das komplexe Verschleißverhalten unter Einwirkung der verschiedenen Verschleißmechanismen ist nur unter den jeweiligen Betriebsbedingungen möglich.

7. Literatur

/ 1 /   Halach, G. u. H. Uetz: Milliardenverluste durch Verschleiß.
VDI-Nachrichten Nr. 24 (1973), S.3 u. 5

/ 2 /   Eßlinger, P. u. H. Uetz: Beitrag zur Problematik der Verschleißprüfung.
Materialprüfung 9 (1969), H.5, S.161/165

/ 3 /   Uetz, H.: Verschleiß durch körnige mineralische Stoffe.
Aufbereitungs-Technik 10 (1969), H.3, S. 130/141

/ 4 /   Uetz, H.: Strahlverschleiß.
Mitteilungen der Vereinigung der Großkesselbetreiber 49 (1969), H.1, S.50/57

/ 5 /   Razim, C.: Moderne Methoden praktischer Verschleißprüfung.
VDI-Berichte Nr. 194 (1973), S.33/43

/ 6 /   Broszeit, E.: Modell-Verschleißprüftechnik.
VDI-Berichte Nr. 194 (1973), S.45/56

/ 7 /   Uetz, H. u. J. Föhl: Prüftechnik bei einem Verschleißsystem auf Grund der Verschleißanalyse, insbesondere der thermischen Analyse.
VDI-Berichte Nr. 194 (1973), S.57/68

/ 8 /   Vornorm "Verschleiß", DIN 50320, Nov. 1953

/ 9 /   Kloos, K.H.: Werkstoffoberfläche und Verschleißverhalten in Fertigung und konstruktiven Anwendungen.
VDI-Berichte Nr. 194 (1973), S.5/21

/ 10 / Czichos, H. u. K.H. Habig: Grundvorgänge des Verschleißes metallischer Werkstoffe - Neuere Ergebnisse der Forschung.
VDI-Berichte Nr. 194 (1973), S.23/31

/ 11 / Habig, K.H.: Die Verschleißmechanismen von Metallen und Maßnahmen zu ihrer Bekämpfung.
Zeitschrift für Werkstofftechnik 4 (1973), H.1, S.33/40

/ 12 / Grosch, J.: Allgemeine Systematik für die Auswahl von Werkstoffen verschleißbeanspruchter Bauteile.
VDI-Berichte Nr. 194 (1973), S.69/77

/ 13 / Wellinger, K. u. H. Uetz: Einfluß der Schweißbedingungen auf das Verschleißverhalten von Auftragschweißungen
Schweißen und Schneiden 11 (1959), H.12, S.458/474.

/ 14 / Wiedemeier, H.: Einfluß der Schweißverfahren auf die Aufmischung beim Hartauftragschweißen.
Der Praktiker 1 (1967), S.2/4

/ 15 / Van Muysen, L.: Auftragschweißverfahren und Schweißzusatzwerkstoffe in Abhängigkeit der in der Industrie im allgemeinen auftretenden Abnützungsarten.
Journal de la Soudure Nr.2 (1972), S.33/43

/¯16_/ Eschnauer, H.R. u. O. Knotek: Hartauftragung und wirtschaftliche Standzeit.
Industrie-Anzeiger 91 (1969), H.78, S.1907/1909

/¯17_/ Knotek, O. u. E. Lugscheider: Das Auftragschweißen mit verschleißfesten Werkstoffen.
VDI-Berichte Nr. 194 (1973), S.161/177

/¯18_/ Eichhorn, F., U. Dilthey u. W. Huwer: Unterpulver-Auftragschweißen mit 60, 90 und 120 mm breiten Cr-Ni-Stahlbandelektroden.
Industrie-Anzeiger 94 (1972), H.98, S.2369/2372

/¯19_/ Huwer, W. u. F. Eichhorn: Leistungssteigerung beim Unterpulver-Auftragschweißen mit Bandelektrode.
DVS-Berichte Nr. 32 (1974), S.91/97

/¯20_/ Baksi, O.A. et. al.: Wear-resistant hardfacing with a "powder-tape" electrode.
Welding Production 7 (1960), H.3, S.50/55

/¯21_/ Richter, E.: Verschleißfeste Auftragschweißungen mit der Bandelektrode.
Schweißtechnik (Berlin) 14 (1964), H.1, S.26/28

/¯22_/ Eichhorn, F. u. U. Dilthey: Verschleißfeste Auftragschweißungen mit Bandelektrode.
Industrie-Anzeiger 93 (1971), H.15, S.325/328

/¯23_/ Eichhorn, F. u. U. Dilthey: Der Einfluß von Zusatzmagnetfeldern auf die Lichtbogenbewegung und den Tropfenübergang beim Schweißen mit Runddraht- und Bandelektroden.
Technische Mitteilungen 62 (1969), H.9, S.370/374

/¯24_/ Dilthey, U.: Beitrag zur Lichtbogensteuerung durch transversale Zusatzmagnetfelder bei mechanisierten Lichtbogenschweißverfahren.
Dissertation TH Aachen, 1972

/¯25_/ Thier, H. u. W. Adam: Metallurgische und korrosionschemische Eigenschaften von austenitischen UP-Bandplattierungen.
DVS-Berichte Nr. 32 (1974), S.77/83

/¯26_/ Lohrmann, G.R.: Untersuchung des Lichtbogenverhaltens und des Werkstoffübergangs sowie deren Einfluß auf die Schweißraupenausbildung beim Schutzgas- und Unterpulverschweißen mit Bandelektroden.
Dissertation TH Aachen, 1968

/¯27_/ Eichhorn, F. u. U. Dilthey: Lichtbogenverhalten und Werkstoffübergang beim Schweißen mit Bandelektrode.
16-mm-Farb-Tonfilm, Aachen, 1971

/¯28_/ Franz, U.: Vorgänge in der Kaverne beim UP-Schweißen
Schweißtechnik (Berlin) 15 (1965), H.4, S.145/150

/ 29 / Dilthey, U. u. F. Eichhorn: Untersuchungen der
Übergangszone zwischen Grundwerkstoff und auste-
nitischem Auftragschweißgut beim Plattieren mit
Bandelektrode.
DVS-Berichte Nr. 15 (1970), S.31/37

/ 30 / Eichhorn, F., A. Engel u. P. Bachem: Unterpulver-
Verbindungsschweißen mit Metallpulverzusätzen.
Blech, Rohre, Profile 7 (1971), S.273/277

/ 31 / Arnoldy, R.F.: Method of Producing Alloy Weld
Coatings.
US-Patent Nr. 5693, 1.2.1960; Nr.39193, 27.6.1960

/ 32 / Arnoldy, R.F.: Bulk welding in 1966.
Welding Journal 46 (1967), H.2, S.117/122

/ 33 / Arnoldy, R.F. u. E.J. Kachelmeier: Development
and Selection of Filler Metals for Bulk Welding
Welding Journal 48 (1969), H.2, S.709/113

8. Begriffe und Abkürzungen

b	Raupenbreite	mm
B	magnetische Induktion	T
f	Frequenz	Hz
h_m	mittlere Auftraghöhe	mm
HV 10	Vickershärte, Prüflast 10 kp	
I	Schweißstromstärke	A
L_A	Abschmelzleistung	kg/h
q_b	Elektrodenquerschnitt	mm^2
q_{zp}	Schnittquerschnitt des Zusatzpulvers	mm^2
U	Lichtbogenspannung	V
V	Aufmischung	%
v_s	Schweißgeschwindigkeit	cm/min

9. Bildanhang

Bild 1: Schweißkopf für Breitbandelektroden mit Steuermagneten und Pulverdosiervorrichtung

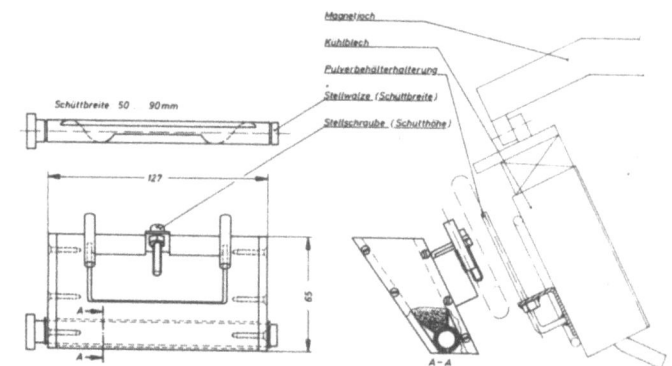

Bild 2: Dosiervorrichtung für Zusatzpulver

Bild 3: Vorwärmeinrichtung für Versuchsbleche

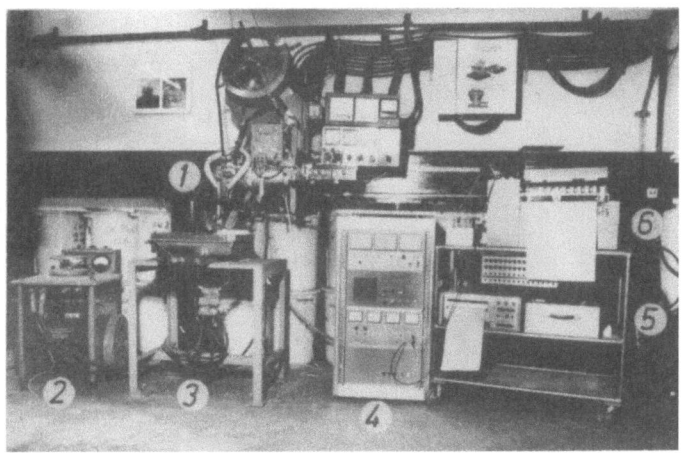

Bild 4: Versuchsaufbau
   1. Schweißautomat mit Spezialschweißkopf
   2. Heiztransformator
   3. Schweißtisch mit Vorwärmeinrichtung
   4. Steuergerät für die magnetische Lichtbogensteuerung
   5. Registriereinrichtung zur Temperaturkontrolle
   6. 10-Kanal-Flüssigkeitsstrahloszillograf

Bild 5: Einlagerung von Legierungsbestandteilen (weiße Bereiche) im Schweißpulver (a) und in der Pulverschlacke (b, c); Schweißpulver: E

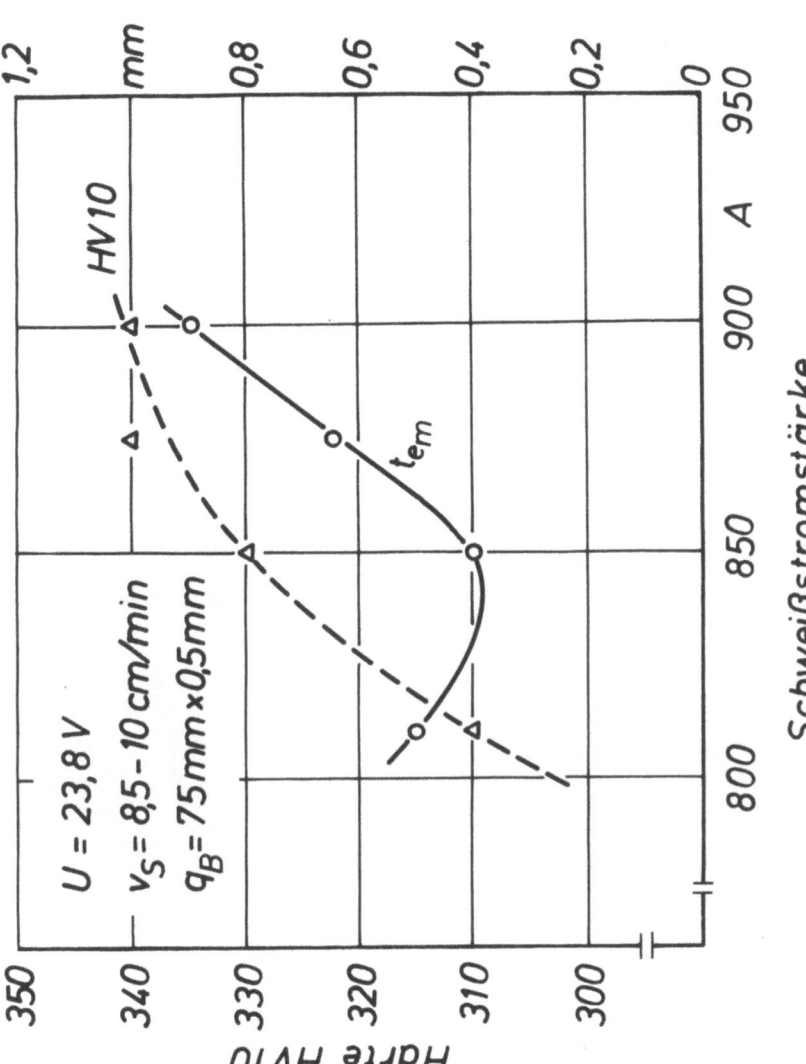

Bild 6: Einfluß der Schweißstromstärke auf die Härte und das Einbrandverhalten einer Panzerung, Versuchsreihe 3

Bild 7: Querschliff einer Schweißraupe aus Versuchsreihe 3

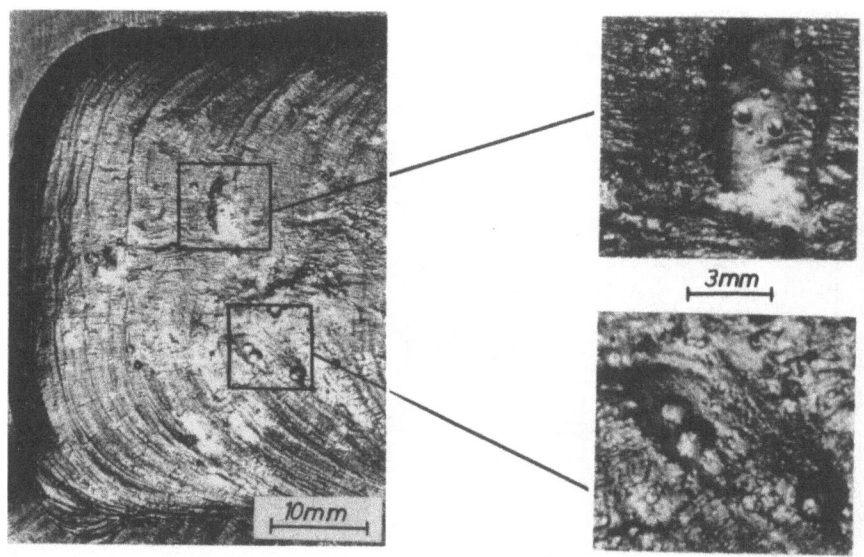

Bild 8: Ablagerung von kugelig aus der Schlacke abgeschiedenen Legierungsbestandteilen auf der Raupenoberfläche

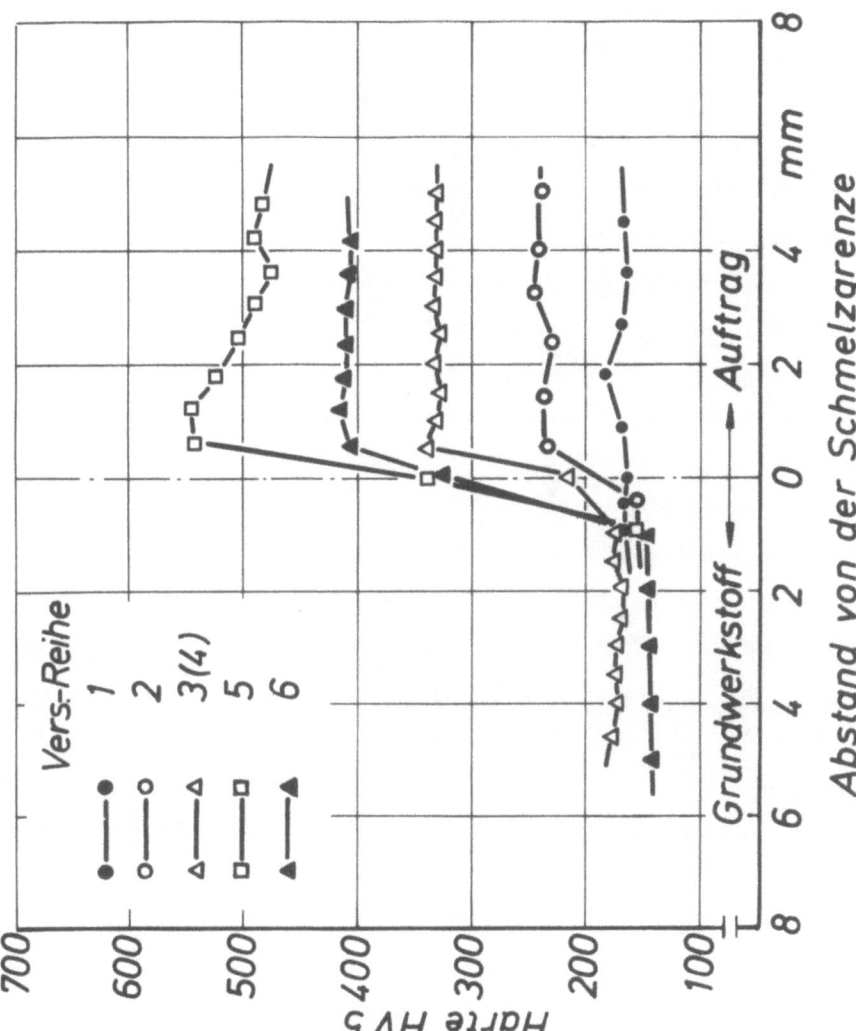

Bild 9: Härteverläufe von Panzerungen beim Einsatz unterschiedlich zulegierender Schweißpulver

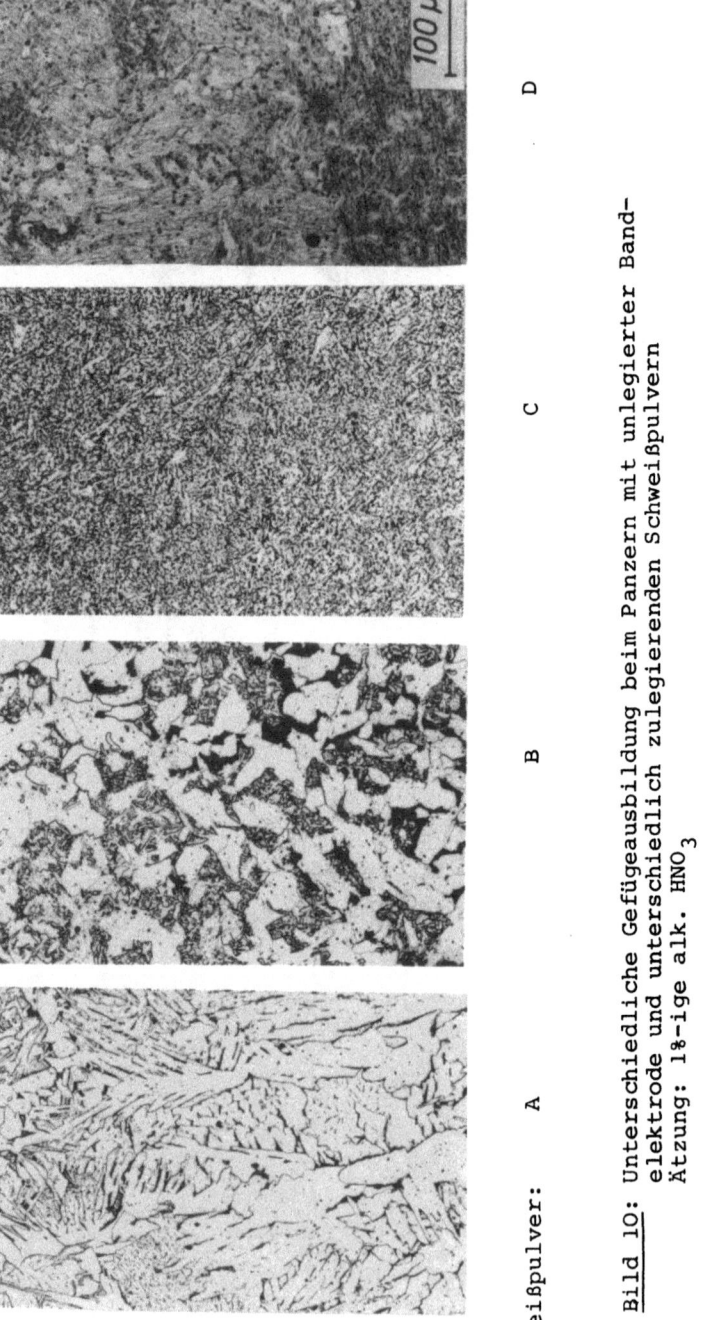

Schweißpulver: A B C D

Bild 10: Unterschiedliche Gefügeausbildung beim Panzern mit unlegierter Bandelektrode und unterschiedlich zulegierenden Schweißpulvern
Ätzung: 1%-ige alk. HNO_3

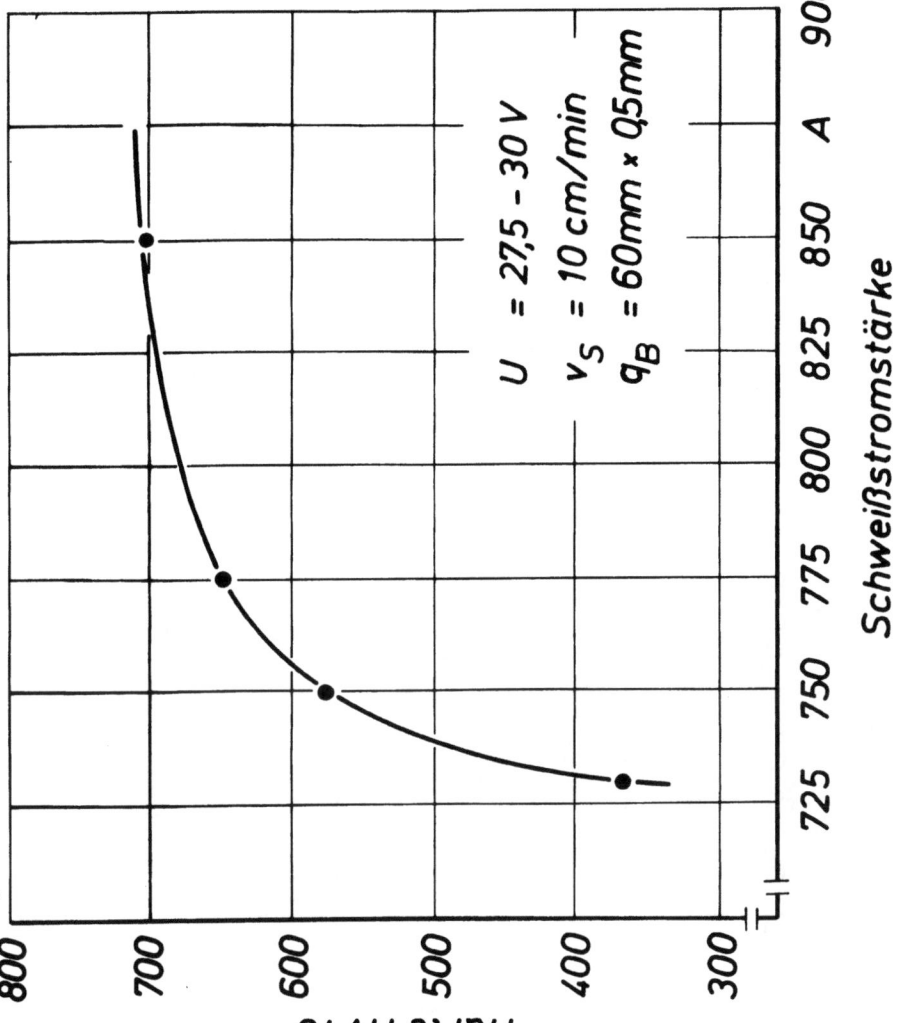

Bild 11: Einfluß der Schweißstromstärke auf die Härte von Panzerungen, Versuchsreihe 7

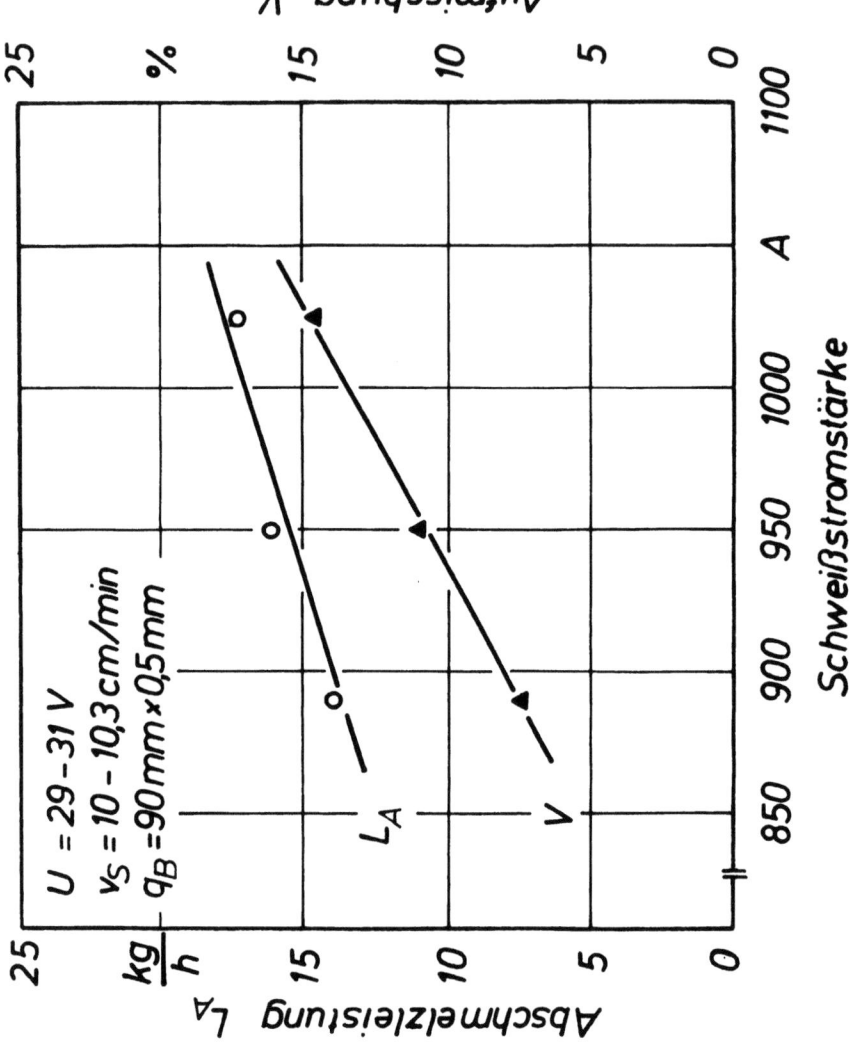

Bild 12: Einfluß der Schweißstromstärke auf die Abschmelzleistung und die Aufmischung, Versuchsreihe 10

Bild 13: Querschliff einer Schweißraupe aus Versuchsreihe 10

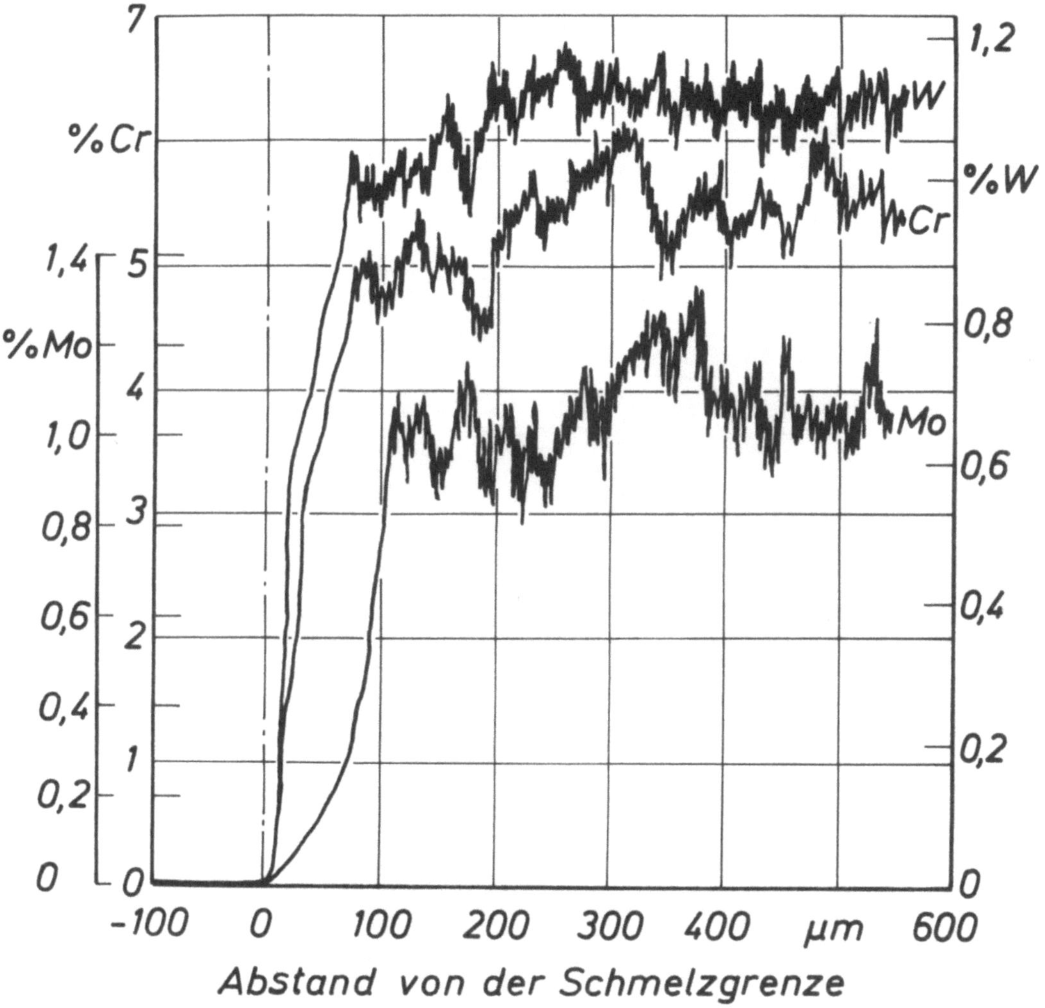

Bild 14: Verlauf der Cr-, Mo- und W-Konzentration senkrecht zur Schmelzgrenze einer Panzerung (Elektronenstrahl-Mikrosonde), Versuchsreihe 10

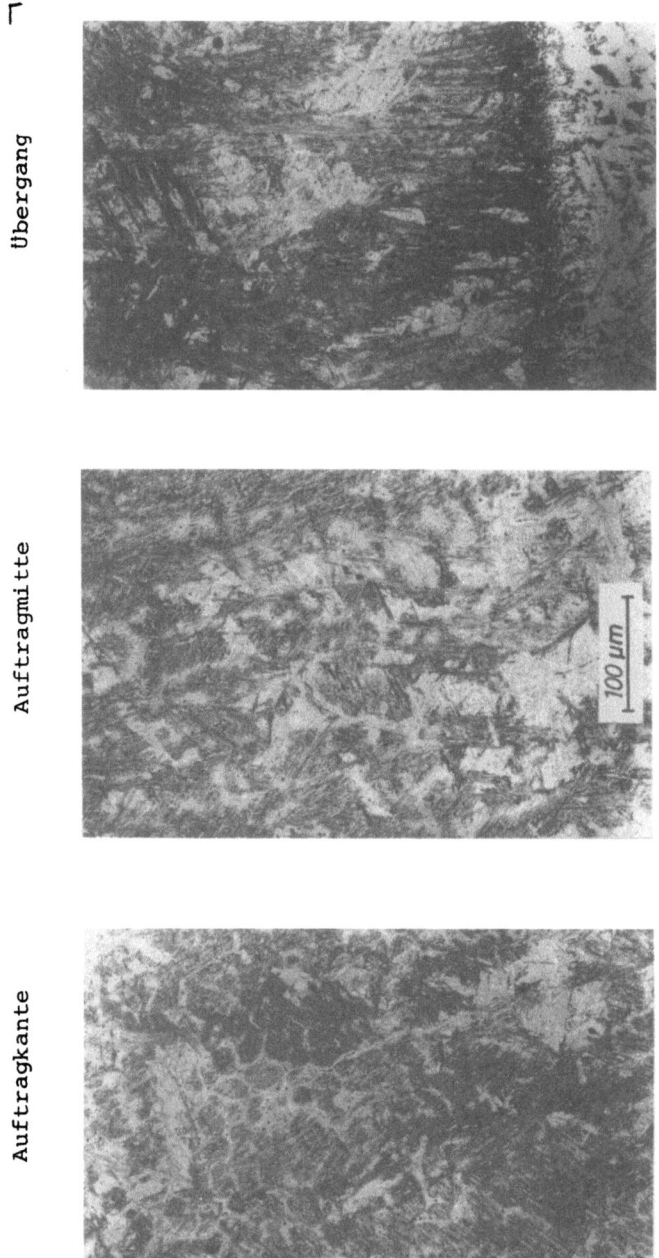

Bild 15: Gefügeaufnahmen einer Panzerung nach Versuchsreihe 10
Ätzung: 10%-ige Chromsäure

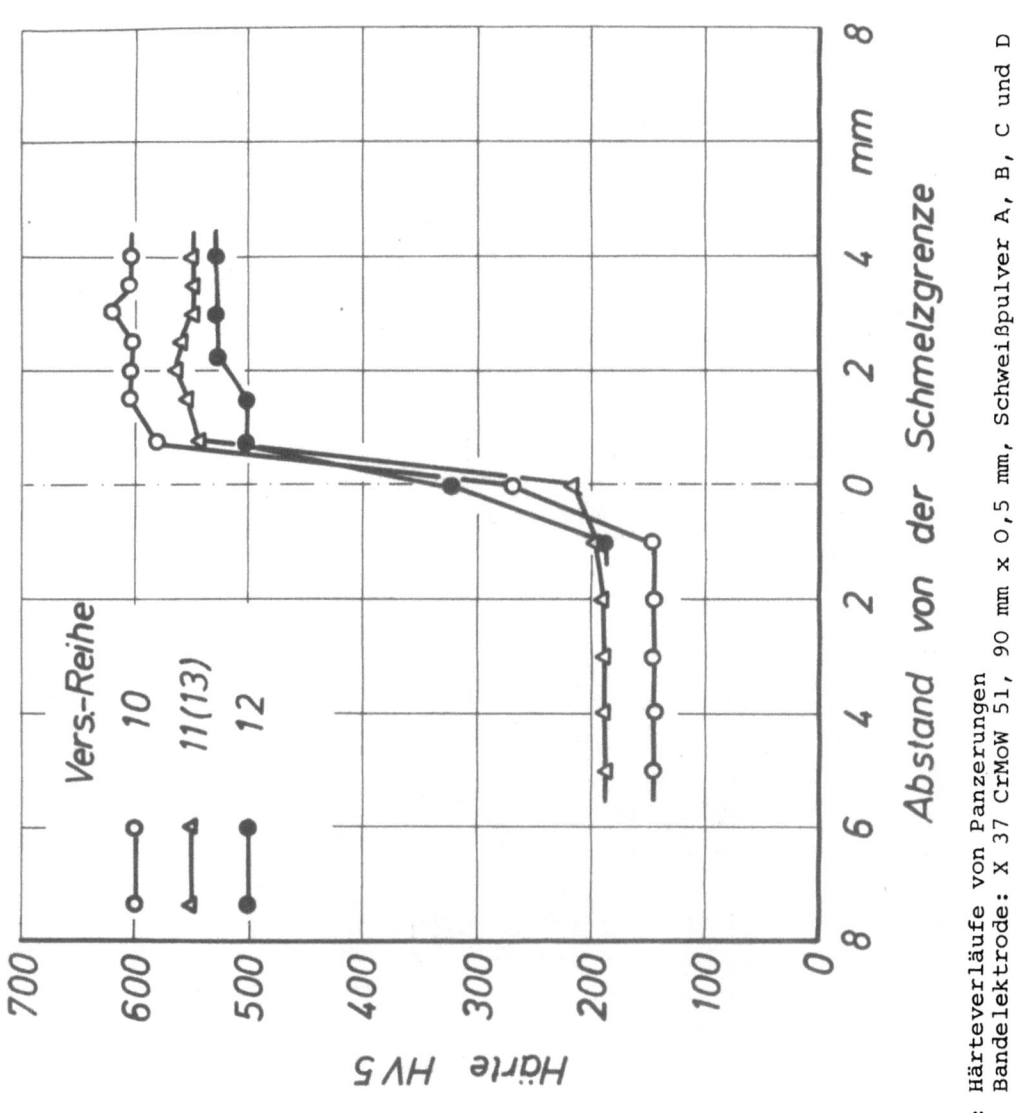

Bild 16: Härteverläufe von Panzerungen
Bandelektrode: X 37 CrMoW 51, 90 mm x 0,5 mm, Schweißpulver A, B, C und D

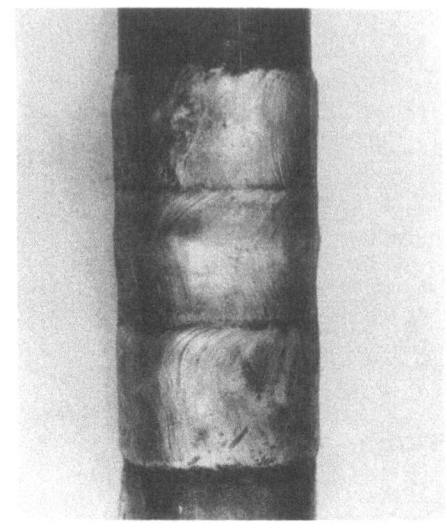

Bild 17: Querschliff und Oberfläche einer Rohrplattierung (⌀ 80 x 10)
Bandelektrode: X 2 CrNiNb 2413, 60 mm x 0,5 mm; Schweißpulver: A

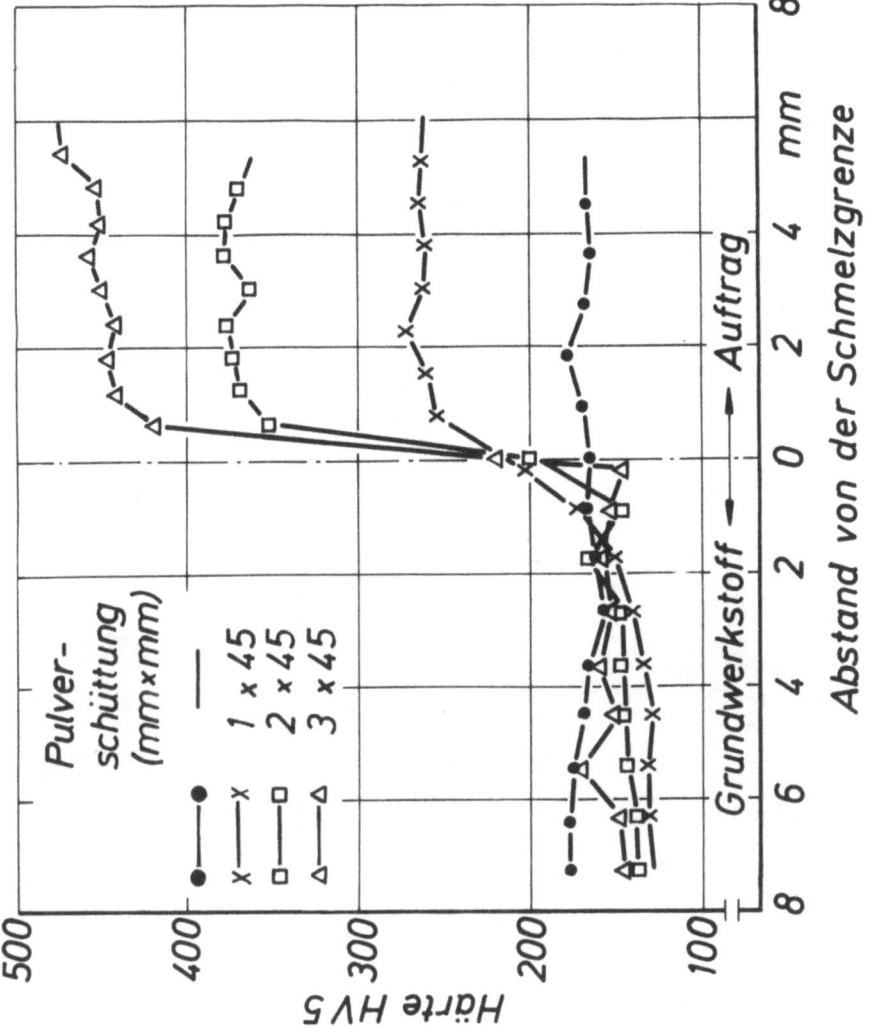

Bild 18: Härtesteigerung beim Panzern durch unterschiedliche Dosierung des Zusatzpulvers, Versuchsreihe 14

- 40 -

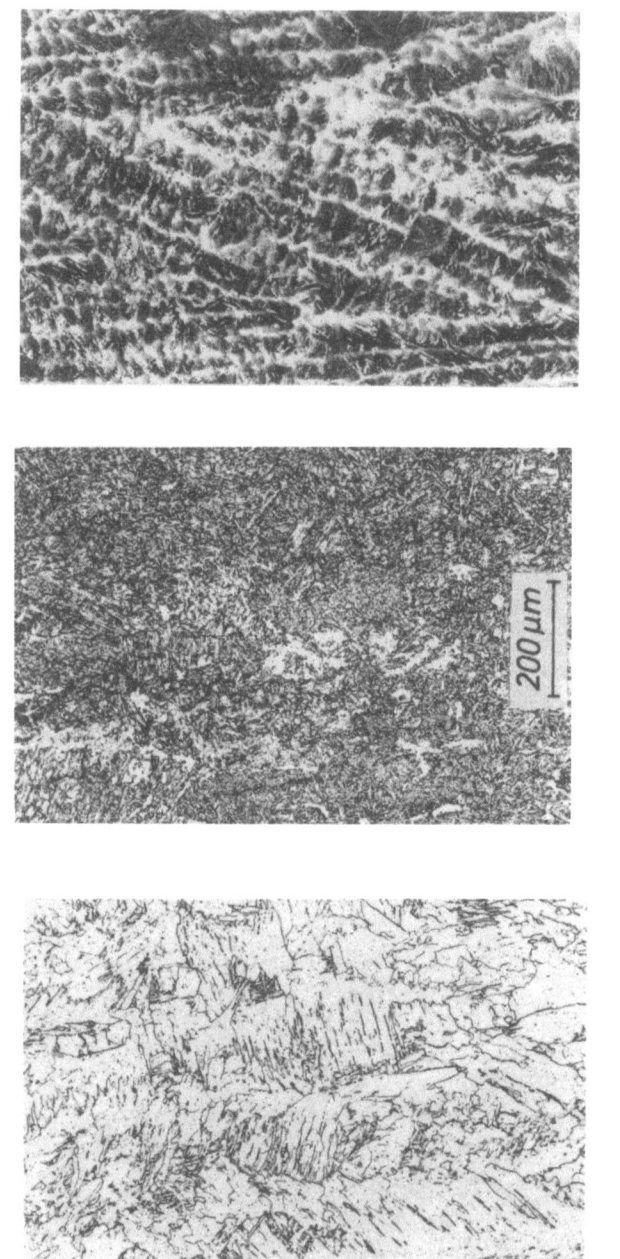

Schüttung: 1 mm x 45 mm   3 mm x 45 mm

Bild 19: Gefügeausbildung bei unterschiedlicher Dosierung des Zusatzpulvers
Versuchsreihe 14; Ätzung: 2%-ige alk. HNO_3

- 41 -

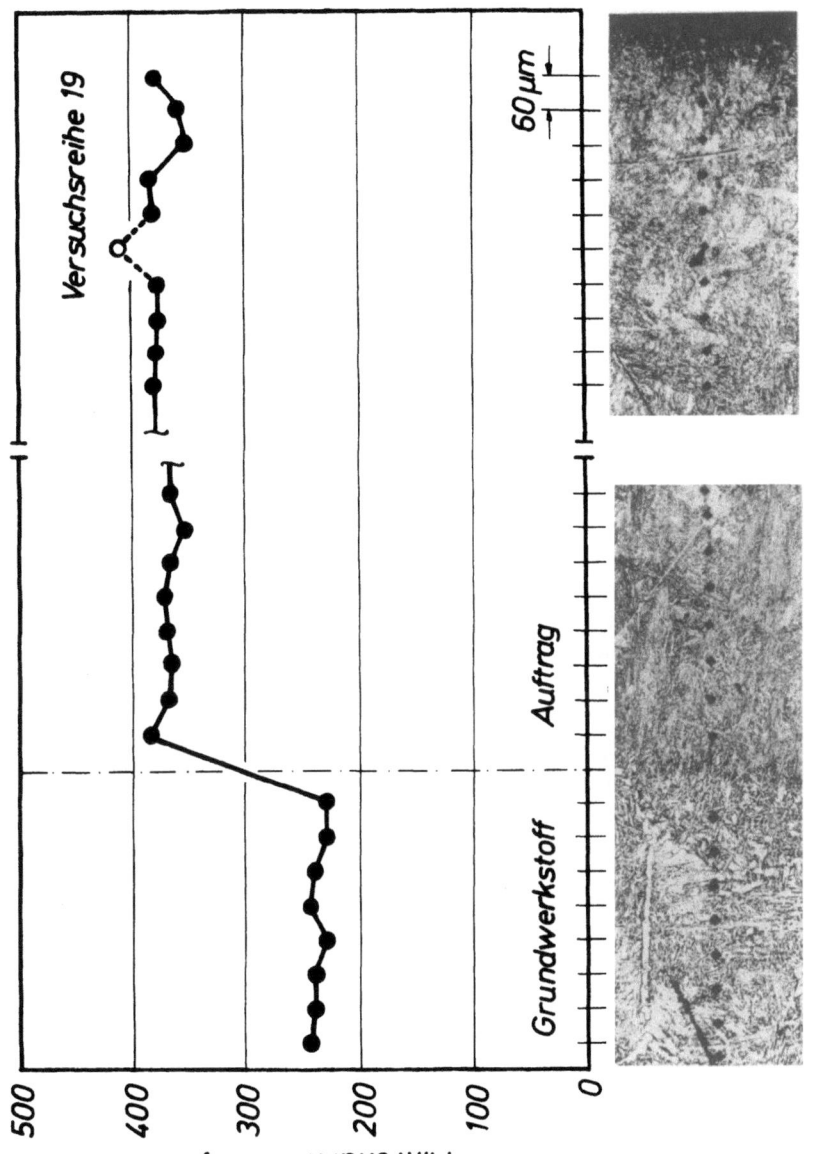

Bild 20: Mikrohärteverlauf senkrecht zur Oberfläche einer Panzerung

Bild 21: Risse in der Oberfläche einer Panzerung,
Versuchsreihe 22

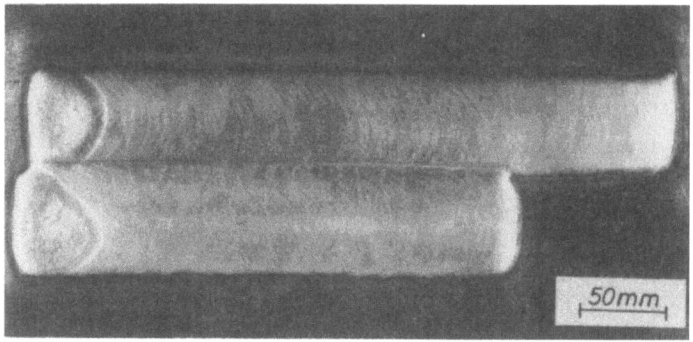

Bild 22: Oberflächenaufnahme einer überlappt geschweißten
Panzerung, Versuchsreihe 21

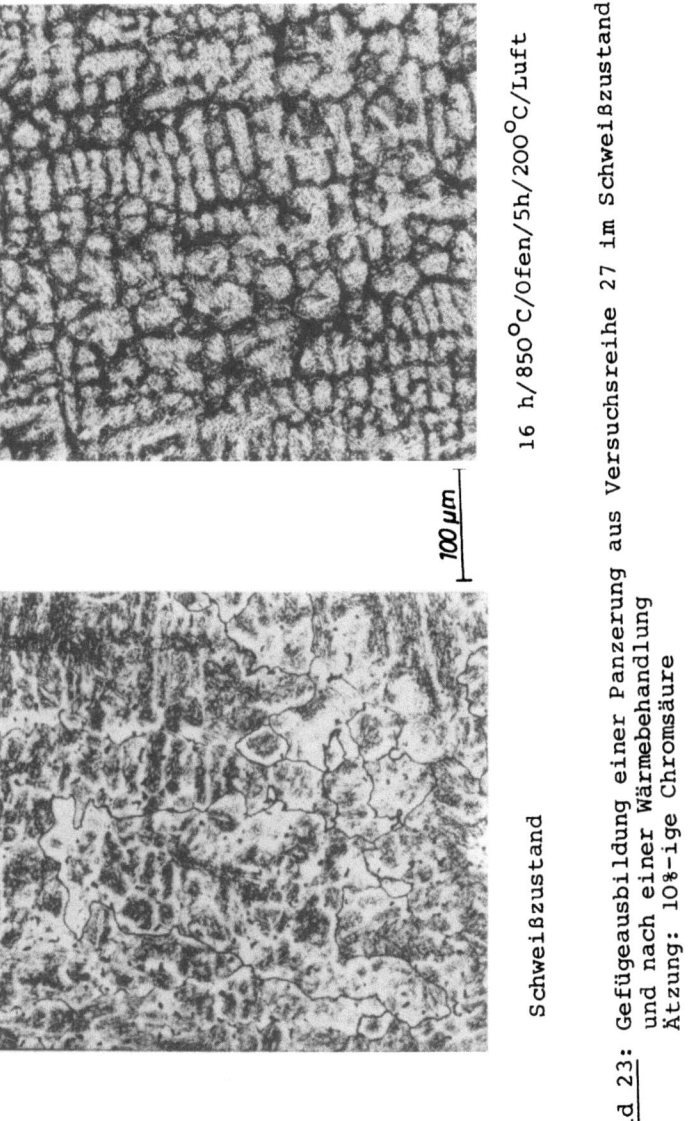

Bild 23: Gefügeausbildung einer Panzerung aus Versuchsreihe 27 im Schweißzustand und nach einer Wärmebehandlung
Ätzung: 10%-ige Chromsäure

Schweißzustand   16 h/850°C/Ofen/5h/200°C/Luft

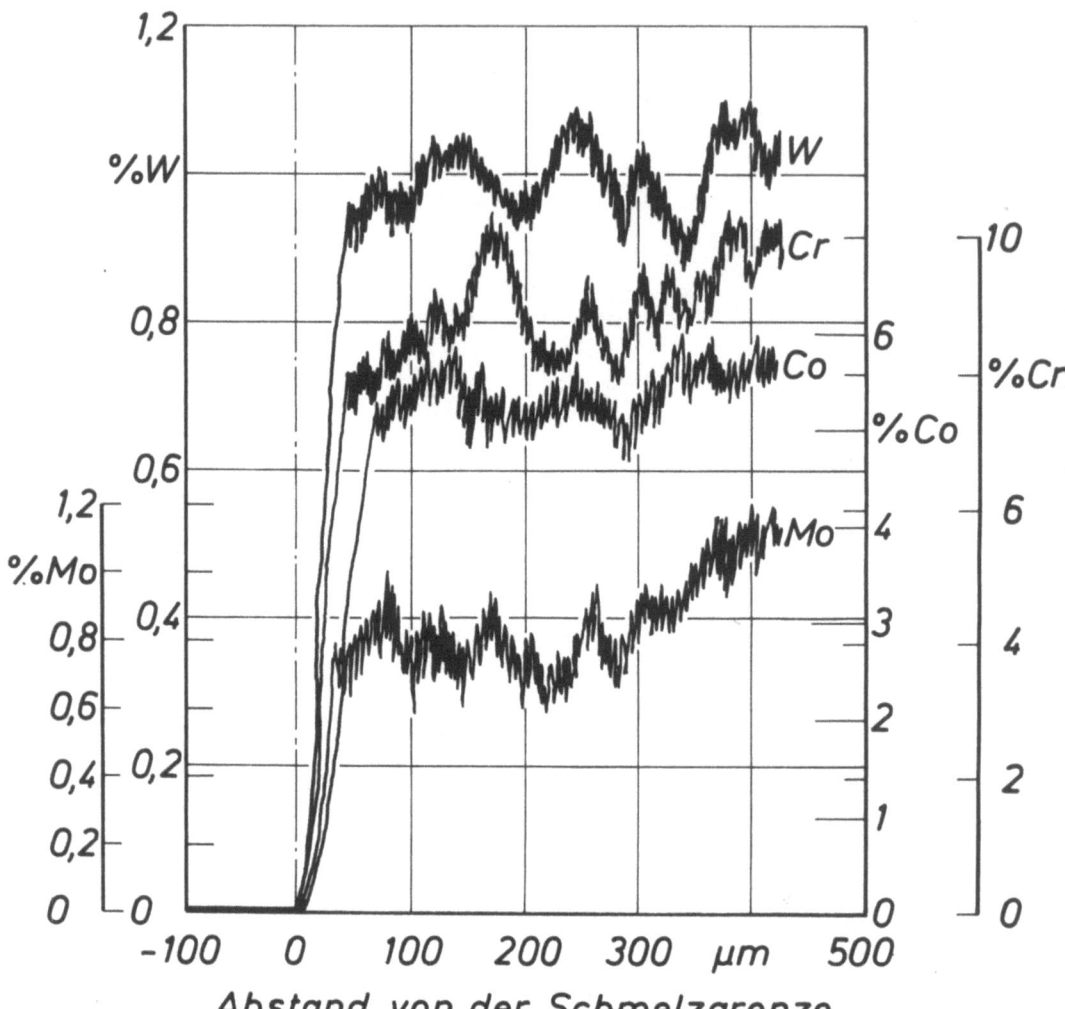

Bild 24: Konzentrationsprofile einer Panzerung im wärmebehandelten Zustand (16h/850°C/Ofen; 5h/200°C/Luft), Versuchsreihe 28

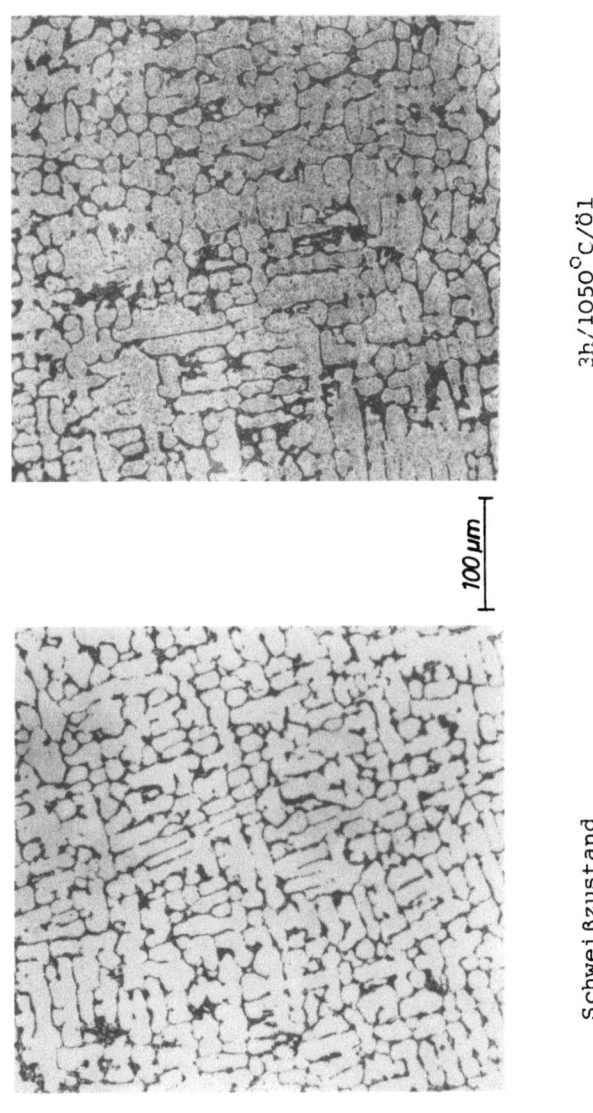

Schweißzustand 3h/1050°C/Öl

Bild 25: Gefügeausbildung einer Panzerung aus Versuchsreihe 33 im Schweißzustand
und nach einer Ölhärtung
Ätzung: 10%-ige Chromsäure

10. Tabellen

Tabelle 1: Grund- und Auftragwerkstoffe

Werkstoffe (DIN-Bez.)	Abmmessung mm	Chemische Zusammensetzung in Gew.-%											
		C	Si	Mn	P	S	Cr	Mo	Ni	Nb	W	Co	V
Grundwerkst.													
St 37	500×250×20	0,12	0,25	0,43	0,018	0,032							
St 52	500×330×25	0,20	0,55	1,50	0,05	0,05							
H II	500×330×25	0,15	0,16	0,615	0,008	0,019							
Bandelektrode													
S 1	50×0,5 60×0,5 75×0,5	0,053	0,28	0,30	0,012	0,018							
X45CrSi93	60×0,5	0,44	3,02	0,40	0,02	0,02	8,72						
X37CrMoW51	90×0,5 120×0,5	0,29	0,36	1,29	0,05		6,128	0,986					
X2CrNiNb2413	60×0,5	0,022	0,36	2,04	0,017	0,016	23,73		12,66	0,70	1,50	0,03	0,30

Tabelle 2: Schweißpulver

Schweißpulver	Herstellungsart	chem. Charakteristik	Zulegierung
A	geschmolzen u. geschäumt	manganfrei, neutral	—
B	agglomeriert	basisch	Cr u. Mo
C	//	//	//
D	//	//	//
E	//	//	//
F	//	leicht basisch	Cr u. C

Tabelle 3: Zusatzpulver

Zusatzpulver		Chemische Zusammensetzung in Gew.%							
		C	Si	B	Cr	Ni	W	Co	Fe
Co-Basis	St1	2,5			33		13	50	
	St6	1,0			26		5	66	
	SF1	1,0	3,0	2,5	19	13	13	45	
	SF6	1,0	2,5	1,5	19	13	8	50	
Ni-Basis	SF50		4,0	1,5	10	77			4,0
	SF60		4,5	3,0	15	70			4,5
Chromkarbid Cr_3C_2									

Tabelle 4: Werkstoffkombinationen

Versuchs-werkstoffe		Versuchsreihe I						Versuchsreihe II							Versuchsreihe III																			
		1	2	3	4	5	6	7	8	9	10	11	12	13	14	15	16	17	18	19	20	21	22	23	24	25	26	27	28	29	30	31	32	33
Bandelektr.	S1	●	●	●	●	●	●								●	●	●	●	●	●							●	●	●	●	●	●	●	
	X45CrSi93							●	●	●											●	●	●											
	X37CrMoW51										●	●	●	●										●	●	●								●
	X2CrNiNb2413																																	
Schweißpulver	A	●						●			●				●	●	●	●	●	●	●	●	●	●	●	●	●	●	●	●	●	●	●	●
	B		●						●			●																						
	C			●						●			●																					
	D				●									●																				
	E					●																												
	F						●																											
Zusatzpulver	St1														●												●							
	St6 (Co-Basis)															●												●						
	SF1																●					●							●					
	SF6																	●					●							●				
	SF50 (Ni-Basis)																		●					●							●			
	SF60																								●							●		
	Cr3C2																									●							●	●

- 50 -

Tabelle 5: Versuchsparameter und Auswertedaten

Vers.-reihe	q_B mm×mm	I A	U V	v_s cm/min	B 10^{-4} T	f Hz	b mm	h_m mm	t_{em} mm	V %	L_A kg/h	Vickers-härte
1	50×0,5	675	28,5	13,0	—	—	50,0	3,09	0,835	21,3	9,76	170 HV 5
3	75×0,5	875	23,8	8,2	30	4	72,2	4,30	0,65	12,5	11,80	340 HV 10
4	50×0,5	570	27,0	12,0	40	2,2	55,3	3,90	1,30	10,6	10,0	340 HV 5
5	50×0,5	650	29,0	10,0	—	—	53,5	4,80	0,73	13,2	10,1	500 HV 5
7	60×0,5	775	27,5	10,45	40	2	65,2	5,50	1,40	18,8	14,13	650 HV 10
10	90×0,5	950	31,0	10,2	—	—	84,0	4,00	0,30	11,0	15,55	420 HV 10
	120×0,5	1275	27,2	10,13	—	—	117,4	5,30	0,40	8,8	22,2	520 HV 10
13	120×0,5	1240	26,2	10,2	40	3,5	122,0	4,90	1,00	20,0	19,4	570 HV 10
14	50×0,5	750	28,0	10,0	10	2,5	55,8	4,60	0,93	10,6	16,4	370 HV 5
17	75×0,5	930	32,0	10,3	25	1	76,5	4,70	0,90	10,6	14,7	450 HV 10
20	60×0,5	675	30,0	10,2	—	—	63,6	4,11	0,36	9,13		190 HV 5
21	60×0,5	650	26,0	10,0	—	—	61,2	4,41	0,28	6,10		225 HV 5
26	60×0,5	650	26,0	10,0	—	—	61,3	4,29	0,18	4,0		190 HV 5
27	90×0,5	1010	28,7	10,14	35	3,5	91,0	4,90	0,40	8,7	16,7	660 HV 10
	120×0,5	1390	26,5	10,2	40	3,5	121,0	4,80	0,50	11,0	24,5	635 HV 10
28	90×0,5	990	29,4	10,3	35	3,5	89,0	4,27	0,50	7,6	16,7	620 HV 10
33	90×0,5	950	31,2	10,0	40	2,5	92,8	3,80	0,30	5,4	16,2	580 HV 10

Tabelle 6: Chemische Analyse von Panzerungen

Versuchs-Reihe	Chemische Analyse in Gew.-%							
	C	Si	Mn	Ni	Cr	Mo	W	Co
10	0,22	0,93	0,53		5,36	1,11	1,13	
15	0,15	0,68	1,40	≤0,1	0,86		≤0,1	(✶)
28	(✶)	0,86	0,70		8,17	0,98	1,00	5,63
29	0,30	1,17	0,85	2,15	7,26	0,96	2,20	(✶)
33	(✶)	0,19	0,68		10,20	1,05	0,93	

(✶) Elemente wurden nicht analysiert

Forschungsberichte des Landes Nordrhein-Westfalen

Herausgegeben im Auftrage des Ministerpräsidenten Heinz Kühn
vom Minister für Wissenschaft und Forschung Johannes Rau

Sachgruppenverzeichnis

Acetylen · Schweißtechnik
Acetylene · Welding gracitice
Acétylène · Technique du soudage
Acetileno · Técnica de la soldadura
Ацетилен и техника сварки

Arbeitswissenschaft
Labor science
Science du travail
Trabajo científico
Вопросы трудового процесса

Bau · Steine · Erden
Constructure · Construction material ·
Soilresearch
Construction · Matériaux de construction ·
Recherche souterraine
La construcción · Materiales de construcción ·
Reconocimiento del suelo
Строительство и строительные материалы

Bergbau
Mining
Exploitation des mines
Minería
Горное дело

Biologie
Biology
Biologie
Biologia
Биология

Chemie
Chemistry
Chimie
Quimica
Химия

Druck · Farbe · Papier · Photographie
Printing · Color · Paper · Photography
Imprimerie · Couleur · Papier · Photographie
Artes gráficas · Color · Papel · Fotografia
Типография · Краски · Бумага · Фотография

Eisenverarbeitende Industrie
Metal working industry
Industrie du fer
Industria del hierro
Металлообрабатывающая промышленность

Elektrotechnik · Optik
Electrotechnology · Optics
Electrotechnique · Optique
Electrotécnica · Optica
Электротехника и оптика

Energiewirtschaft
Power economy
Energie
Energia
Энергетическое хозяйство

Fahrzeugbau · Gasmotoren
Vehicle construction · Engines
Construction de véhicules · Moteurs
Construcción de vehículos · Motores
Производство транспортных средств

Fertigung
Fabrication
Fabrication
Fabricación
Производство

Funktechnik · Astronomie
Radio engineering · Astronomy
Radiotechnique · Astronomie
Radiotécnica · Astronomía
Радиотехника и астрономия

Gaswirtschaft
Gas economy
Gaz
Gas
Газовое хозяйство

Holzbearbeitung
Wood working
Travail du bois
Trabajo de la madera
Деревообработка

Hüttenwesen · Werkstoffkunde
Metallurgy · Materials research
Métallurgie · Matériaux
Metalurgia · Materiales
Металлургия и материаловедение

Kunststoffe
Plastics
Plastiques
Plásticos
Пластмассы

Luftfahrt · Flugwissenschaft
Aeronautics · Aviation
Aéronautique · Aviation
Aeronáutica · Aviación
Авиация

Luftreinhaltung
Air-cleaning
Purification de l'air
Purificación del aire
Очищение воздуха

Maschinenbau
Machinery
Construction mécanique
Construcción de máquinas
Машиностроительство

Mathematik
Mathematics
Mathématiques
Matemáticas
Математика

Medizin · Pharmakologie
Medicine · Pharmacology
Médecine · Pharmacologie
Medicina · Farmacologia
Медицина и фармакология

NE-Metalle
Non-ferrous metal
Metal non ferreux
Metal no ferroso
Цветные металлы

Physik
Physics
Physique
Fisica
Физика

Rationalisierung
Rationalizing
Rationalisation
Racionalización
Рационализации

Schall · Ultraschall
Sound · Ultrasonics
Son · Ultra-son
Sonido · Ultrasónico
Звук и ультразвук

Schiffahrt
Navigation
Navigation
Navegación
Судоходство

Textilforschung
Textile research
Textiles
Textil
Вопросы текстильной промышленности

Turbinen
Turbines
Turbines
Turbinas
Турбины

Verkehr
Traffic
Trafic
Tráfico
Транспорт

Wirtschaftswissenschaften
Political economy
Economie politique
Ciencias economicas
Экономические науки

Einzelverzeichnis der Sachgruppen bitte anfordern

Westdeutscher Verlag GmbH
– Auslieferung Opladen –
567 Opladen, Postfach 1620

MIX
Papier aus verantwortungsvollen Quellen
Paper from responsible sources
FSC® C105338

If you have any concerns about our products,
you can contact us on
ProductSafety@springernature.com

In case Publisher is established outside the EU,
the EU authorized representative is:
**Springer Nature Customer Service Center GmbH
Europaplatz 3, 69115 Heidelberg, Germany**

Printed by Libri Plureos GmbH
in Hamburg, Germany